茶经

[唐] 陆羽 著

张则桐 注解

厚闲 绘

陕西新华出版 三秦出版社

果麦文化 出品

目　录

采茶
蒸茶
焙干

制茶流程图
捣烂
压饼
穿串
包装

前 言

陆羽的《茶经》是中国同时也是世界上第一部茶学专书，几乎涵盖了茶学的所有类目，称得上是茶的百科全书。在7000多字的篇幅里，陆羽构建了中国茶学和茶文化的体系，对后世产生了极为深远的影响。

一

《茶经》的作者陆羽（733—约804），字鸿渐，又名疾，字季疵。陆羽是个弃婴，被竟陵（今属湖北天门）龙盖寺住持智积禅师收养。这样的身世好像与玄奘法师颇有几分相似——从小在寺庙里长大，然后在老师的指导下虔心修习佛法，最后成为一代佛学大师——智积禅师也是按这个思路对陆羽展开培养的。不过陆羽对佛典提不起兴趣，他一心想读儒家经典，师徒双方矛盾不可调和。陆羽还需要干寺庙里最脏最重的活，“扫寺地，洁僧厕，践泥圬墙，负瓦施屋，牧牛一百二十蹄”。

不堪困顿的陆羽只得选择离开寺庙，加入了一个戏班子。在那里，陆羽“以身为伶正，弄木人、假吏、藏珠之戏”，很快就展现了自己的才华。

而陆羽人生轨迹的真正转折发生在天宝五年（746），这一年，在竟陵的一次民间聚会上，身为杂技指导的陆羽受到时任竟陵太守李齐物的赏识，李齐物“捉手拊背，亲授诗集”。此后，陆羽又到火门山邹夫子门下接受教育，并与礼部郎中崔国辅交游。这些经历，使陆羽开始得以在唐代的士林文坛崭露头角。

安史之乱爆发后，陆羽避难来到吴兴（今属浙江湖州），与诗僧皎然成为忘年交，又与颜真卿、张志和等人往来，陆羽的文学才华也逐渐引起了官方的关注。隐居苕溪后，朝廷曾诏拜陆羽为太子文学，徙太常寺太祝，陆羽虽未就职，但内心还是接受了这样一份荣誉，他给自己写的自传即名为《陆文学自传》。

陆羽成长的时代，是唐代由盛转衰时期。唐玄宗天宝年间，李林甫、杨国忠相继为宰相，政治日趋腐败，有理想、有才华的人很难步入仕途。陆羽潜心研究儒家经典，文学才华出众，他应该也有过进入仕途从而建功立业的想法。他对现实相当关注，安禄山叛乱之后，他写了《四悲诗》；原扬州刺史刘展起兵反唐，企图占据江淮，陆羽又写了《天之未明赋》，两篇作品都强烈地抒发了他的忠义之气。但那是一个重视门第，同时也注重外貌的时代，社会没有给像陆羽这样身世孤零又容貌丑陋的才士提供施展才华的机会。由于各种因素的制约，陆羽终未能在政治上有所建树。隐居苕溪之后，他在《陆文学自传》中这样记述自己的行迹：

往往独行野中，诵佛经，吟古诗，杖击林木，手弄流水，夷犹徘徊，自曙达暮，至日黑兴尽，号泣而归。故楚人相谓，陆子盖今之接舆也。

接舆是《论语》里出现的楚地隐士，曾作《凤歌》嘲笑孔子不能认清形势而一心求仕。晋皇甫谧《高士传》始称其姓陆名通，字接舆。楚人因其与陆羽同姓，故以之比拟。这个比拟似乎不太确切，从上面所引的一段文字来看，陆羽的身上既有行吟泽畔的屈原的孤独寥落，也有驾车途穷恸哭而返的阮籍的深悲剧痛。

陆羽隐居湖州后，往来扬州、常州、信州、洪州等地，还曾游幕于湖南、岭南，贞元中返湖州，贞元末卒。陆羽的号也随着他的居所而变化，在湖州时号竟陵子，在上饶时号东岗子，到了岭南又号桑苎翁。他著述颇丰，内容涉及经、史、子、集四部，可惜大多已散佚，仅有少量诗文存世。

盛唐时代精神和楚地文化传统培育了陆羽自由的人格和浪漫的气质，然而他的一身才学又无法将他引向政坛，于是正值青壮年的陆羽选择了另一条路——专注茶事，穿山过河，去探究这“南方之嘉木”的奥秘。

二

陆羽在寺庙长大，对于煮茶、饮茶之事非常熟悉。据传，由于陆羽煮茶煮得太好了，以至于他离开寺庙后，智积禅师都不再喝其他人煮的茶了。这或许也能为陆羽最终走上茶事研究道路做一注脚。

在陆羽之前，中国没有关于茶的专书。为了写作《茶经》，一方面，陆羽实地考察了相当数量的唐代产茶区域，并到各处品辨泉水水质，参与采茶、制茶、煮茶的每一个环节，积累了丰富的实践经验和田野调查成果；另一方面，参与编撰《韵海镜源》，又为他提供了接触大量文献的机会，使得《茶经》中的史料非常充实。

三

《茶经》全书分为三卷十篇，卷上共三章：即一之源，介绍茶树的形状、名称、生长环境、品质和功效；二之具，介绍采茶、制茶的工具；三之造，介绍茶叶种类和采制方法。四之器，介绍煮茶、饮茶器具，陆羽将其单独列为卷中。卷下含六章：五之煮，介绍煮茶的方法和水的品质；六之饮，介绍饮茶风俗和饮茶的方法；七之事，汇录古代有关饮茶的文献和轶事；八之出，介绍全国茶叶出产分布情况；九之略，说明在哪些情况下可以省略哪些制茶工具和煮茶、饮茶器具及相关的步骤；十之图，提倡把《茶经》内容抄写于素绢并悬挂于四壁。

《茶经》正文多处夹杂着注释，这种体例应该是受到了唐代流行的“合本子注”的著述形式的影响。而我们现在看到的《茶经》的子注，情况比较复杂，其中既有陆羽原文，又有后人增加的内容，如关于单字的注音等。后代还有把抄写时的注记和校刊时的校语混入子注的情况，不过这些都不会影响我们对《茶经》整体的理解。

除了严谨的体例、科学的内容，《茶经》所为人称道之处，还在于它张弛有度的文字描写。如关于制茶工具及煮茶、饮茶器具的说明铺排有序，文段描写有的简洁，有的详尽；对茶饼形状、煮茶时茶汤表面汤花的描写等，又充满了想象力。《四库全书总目》评论《茶经》："言茶者莫精于羽，其文亦朴雅有古意。"因此，品读《茶经》，从文学角度来说，亦能给我们带来极大的享受。

《茶经》初稿写成于唐代上元元年（760），永泰元年（765）完成定稿，大历十年（775）以后再度修改，建中元年（780），《茶经》正式刊印出版，这最早的刊本现已失传。由于《茶经》的重要价值和影响，它成书之后不断被翻刻，流传到今天的版本已达六十多种。现存最早刻本为宋代咸淳年间刊《百川学海》本，比较常见的有明陶宗仪《说郛》本、清《古今图书集成》本、清《四库全书》本等。当代茶史学者也有不少对《茶经》进行了点校、注释，最具代表性的著作有吴觉农主编的《茶经述评》，傅树勤、欧阳勋的《陆羽茶经译注》，沈冬梅的《茶经校注》等。

四

中国人很早就开始饮茶了，顾炎武《日知录》说："自秦人取蜀，而后始有茗饮之事。”这一论述大致符合历史实际。唐以前，人们多将茶叶作为一种药物或食物，与其他草药、食物混合，煮成羹汤饮用。魏晋时期，饮茶风俗逐渐形成。到了唐代，由于饮茶有助于修禅，饮茶风尚更为普遍，封演《封氏闻见记》之《饮茶》说：“开元中，泰山灵岩寺有降魔师，大兴禅教，学禅务于不寐，又不夕食，皆许其饮茶。人自怀挟，到处煮饮。以此转相仿效，遂成风俗。”《茶经》的出现，可谓适当其时。封演《饮茶》接着说：“楚人陆鸿渐为《茶论》，说茶之功效，并煎茶、炙茶之法，造茶具二十四事，以都统笼贮之。远近倾慕，好事者家藏一付，有常伯熊者，又因鸿渐之论，广润色之，于是茶道大行，王公朝士无不饮者。”

陆羽在大量实地考察和丰富实践的基础上，以严谨科学的态度，系统全面地总结了中唐以前关于制茶、饮茶的经验，建立了中国传统茶学，包括茶树栽培管理、茶叶品质的品评和饮用方式、茶具等，涉及植物学、地理学、水文学等十多门自然科学门类，这样的学科体系在当代的茶学高等教育中仍在发挥作用。因此，《茶经》是一部开创性的科学巨著，在中国科技史上具有重要地位。

在《茶经》中，陆羽提出了一个中心思想，即“茶性俭”。陆羽虽然在寺庙长大，但他思想中佛教的痕迹并不明显，除了儒家思想以外，道家学说对他的影响也很大。这里的“俭”，既有少、不够之意，也指行为约束而有节制。所谓“茶性俭”，即指茶里的有效成分不多，饮茶者要顺应茶的这个本性，在煮茶、饮茶时控制好茶末与水的比例，并严格遵守一定的品饮规则。

正因所受约束颇多，故饮者在煮茶、饮茶的过程中，会不自觉地受到感染，其品格也会愈加趋向“俭”，趋向“精行俭德”。久而久之，就发展出了茶文化这一重要的精神内涵。

将茶性归结为“俭”，一方面来自陆羽丰富的实践经验，另一方面也是陆羽对中唐前饮茶文化精神的继承和发展。陆羽所提倡的俭约茶道，体现了他对老子学说的接受，《老子》五十九章云：“治人事天莫若啬。……是谓深根固柢，长生久视之道。”这里的“啬”与“俭”有大致相同的内涵，老子在这里提出治国养生的普遍原则，即“啬”，有节制，不放逸，还要注意节俭。陆羽对此应该有深刻的理解，他的茶道思想明显有老子“啬”的理念。

五

《茶经》开创了中唐以后的饮茶新风尚。陆羽反对把茶和其他药食同煮，他发明了煮饮法，推崇单纯用茶饼经过炙烤、碾末煮茶汤。这个观点对后代的饮茶习惯影响至深。明代陈文烛因此将陆羽抬到了与稷同等的位置，他在《茶经序》中说道："人莫不饮食也，鲜能知味也。稷树艺五谷而天下知食，羽辨水煮茶而天下知饮，羽之功不在稷下，虽与稷并祀可也。"

作为中国茶书的开山之作，《茶经》百科全书式的广博内容、严密清晰的体例对后代的茶书产生了深远的影响。《茶经》之后的大量茶书基本遵循《茶经》的内容和体例，有的甚至直接以《茶经》命名，如宋代周绛《补茶经》、明代孙大绶《茶经外集》、清代陆廷灿《续茶经》等。《茶经》所建构的茶学体系和茶文化精神历一千多年而不衰，是一本常读常新的经典。

进入21世纪以来，随着经济的发展和人民物质生活水平的日益提高，饮茶风尚又一次席卷中国大地，茶文化也呈现复兴的势头。林语堂先生说："只要有一把茶壶，中国人到哪都是快乐的！"中国茶和茶文化在经历一个多世纪的衰微之后又将焕发活力，这个时期再读《茶经》，重温先民质朴厚重的饮茶历史，感受一碗茶里所蕴含的节制中和之美，在饮茶的过程中领悟其中形而上的精神元素，是非常有意义的，也是茶文化复兴时代必不可少的文化风景。

当然，《茶经》成书毕竟离我们已经有1200多年了，书中所说的制茶工具及煮茶、饮茶器具大多已退出历史舞台，它的内容并不适用于今天的饮茶。明人罗廪在《茶解》中说："故桑苎《茶经》，第可想其风致，奉为开山，其舂、碾、罗、则诸法，殊不足仿。"我们今天读《茶经》，最好带着"想其风致"的心态，不必纠结于细节，而要在通观全文的基础上得其大略，从而想象其风致。

本书以陶氏影宋《百川学海》本《茶经》为底本，参校其他版本和今人整理本。正文后有注释、译文和赏析，注释和译文也参考了今人的成果，赏析部分以明白简洁的语言阐释各篇的主要内容和文化精神，帮助读者理解《茶经》文本。希望读者能够借助注释、译文和赏析，领略《茶经》大意，进而想象其风致。

一壶茶、一本书，一千多年以后，这些文字仍然能够触发我们内心深处的冲动，引领我们去触摸那古老的茶饼，去轻嗅唐代飘来的一缕茶香。

张则桐

2019年9月20日

茶之为用，味至寒，
为饮，最宜精行俭德之人。

一之源

茶者，南方之嘉木也，一尺、二尺，乃至数十尺。其巴山、峡川，有两人合抱者，伐而掇[1]之。其树如瓜芦[2]，叶如栀子，花如白蔷薇，实如栟榈[3]，蒂如丁香，根如胡桃。（瓜芦木出广州，似茶，至苦涩。栟榈，蒲葵之属，其子似茶。胡桃与茶，根皆下孕[4]，兆[5]至瓦砾[6]，苗木上抽。）

其字，或从草，或从木，或草木并。（从草，当作“茶”，其字出《开元文字音义》；从木，当作“梌”，其字出《本草》；草、木并，作“荼”，其字出《尔雅》。）

---

1 掇（duō）：拾取，摘取。

2 瓜芦：又名皋芦，是分布于我国南方的一种叶大而味苦的冬青科树木。

3 栟（bīng）榈（lú）：古书上指棕榈，常绿乔木，果实为肾状球形，蓝黑色。

4 下孕：植物的根部往土壤深处生长。

5 兆：古人占卜时，烧灼龟甲所形成的裂纹。此处指裂开。

6 瓦砾：破碎的砖瓦，此处指坚硬的土层。

茶，是我国南方一种美好的常绿树木，树高一尺、二尺以至数十尺。在川东、鄂西一带，有主干粗到两人合抱的大茶树，要将树枝砍下来，才能采摘芽叶。茶树的树形像瓜芦，叶形像栀子，花像白蔷薇，果实像棕榈，蒂像丁香，根像胡桃。（瓜芦木产于广州，形态像茶，味道很苦涩。栟榈是蒲葵类植物，种子像茶子。胡桃和茶树，根都向下生长，碰到坚实的砾土，苗木才向上生长。）

“茶”字的结构，从部首来看，有属于“草”部的，有属于“木”部的，有同属于“草”“木”两部的。（属于“草”部的，写作“茶”，这个字见于《开元文字音义》；属于“木”部的，写作“梌”，这个字见于《本草》；同属于“草”“木”两部的，写作“荼”，这个字见于《尔雅》。）

其名，一曰茶，二曰槚，三曰蔎，四曰茗，五曰荈。（周公云：“槚，苦荼。”扬执戟云：“蜀西南人谓茶曰蔎。”郭弘农云：“早取为茶，晚取为茗，或一曰荈耳。”）

其地，上者生烂石[1]，中者生砾壤[2]，下者生黄土。凡艺[3]而不实[4]，植而罕茂，法如种瓜，三岁可采。野者上，园者次。阳崖阴林，紫者上，绿者次；笋者上，牙者次；叶卷上，叶舒次。阴山坡谷者，不堪采掇，性凝滞[5]，结瘕[6]疾。

1　烂石：碎石，此处指岩石充分风化的土壤，这样的土壤比较肥沃。
2　砾壤：含有未风化或半风化的沙砾的土壤，肥力中等。
3　艺：种植。
4　实：土壤结实、扎实。
5　凝滞：凝结，困阻。
6　瘕（jiǎ）：腹中生肿块的疾病。

茶的名称有五种：一称“茶”，二称“槚”，三称“蔎”，四称“茗”，五称“荈”。（周公说：“槚，就是苦茶。”扬雄说：“四川西南部人称茶为蔎。”郭璞说：“早采的叫作‘茶’，晚采的叫作‘茗’，又有的叫作‘荈’。”）

种茶的土壤，以岩石充分风化的土壤为最好，有碎石子的砾壤次之，黄色黏土最差。凡是栽种时不使土壤松实兼备的，或是移栽后很少长得茂盛的，都应按种瓜法去种茶，种后三年即可采茶。茶叶的品质，以山野自然生长的为好，在园圃栽种的较次。在向阳山坡或林荫覆盖下生长的茶树，芽叶呈紫色的为好，绿色的差些；芽叶肥壮如笋的为好，芽叶细弱的较次；叶面反卷的为好，叶面平展的次之。生长在背阴的山坡或山谷的品质不好，不值得采摘，因为它的性质凝滞，喝了会使人得腹中生肿块的病。

茶树种植图

茶之为用，味至寒，为饮，最宜精行俭德[1]之人。若热渴、凝闷、脑疼、目涩、四支烦、百节不舒，聊[2]四五啜[3]，与醍醐[4]、甘露抗衡也。

采不时，造不精，杂以卉莽，饮之成疾。

茶为累[5]也，亦犹人参。上者生上党，中者生百济、新罗，下者生高丽。有生泽州、易州、幽州、檀州者，为药无效，况非此者？设服荠苨[6]，使六疾不瘳[7]。知人参为累，则茶累尽矣。

1　精行俭德：行为谨慎，俭而有德。

2　聊：稍微，略微。

3　啜（chuò）：饮，喝。

4　醍醐（tí hú）：经过多次制炼的乳酪，上面的油层叫作醍醐，味极甘美。

5　累：选用茶叶时的困难。

6　荠苨（jì nǐ）：一种草本植物，属桔梗科，根茎都似人参，叶与人参稍有区别。根味甜，可药用，但功效与人参不同。

7　瘳（chōu）：病愈。

茶的功用，因其性至寒，作为饮料，最适合行为谨慎、俭而有德的人。如果上火口渴、胸闷、头疼、眼涩、四肢无力、关节不畅，稍微喝上四五口茶，其效果与醍醐、甘露不相上下。

如果采摘得不适时，制作得不精细，混杂着野草，喝了就会生病。

选用茶叶的困难与选用人参相似。上等的人参出产在上党，中等的出产在百济、新罗，下等的出产在高丽。出产在泽州、易州、幽州、檀州的（品质较差），当作药用就没有疗效，更何况比它们还不如的呢！倘若误把荠苨当人参服用，将使病体无法痊愈。明白了选用人参的困难，也就可知选用茶叶是多么不易了。

茶树图

之赏

本篇概述茶树的特性、“茶”字的构造、茶的别名、茶树的生长环境及种植、茶的功效和品质等，相当于《茶经》全书的提纲和绪论。“源”有探究、追溯事物源起的意思。在介绍茶字构造时，说明了“荼—㮆—茶”的演变历程。“茶”字在唐玄宗开元时期的字典《开元文字音义》中已有收录，陆羽在撰写《茶经》时，始将“荼”全部改为“茶”字，一片灵草才有了优美而充满诗意的字形。在陆羽心目中，茶是高贵的，与行为谨慎、俭而有德的人最为匹配，和人参一样珍贵。南方嘉木，是陆羽对茶的自然属性和文化品性的总体概括。陆羽的血液里流淌着行吟泽畔的三闾大夫的精神，他认为茶这一嘉木与屈原《橘颂》中“后皇嘉树”的内涵相通。自陆羽始，“茶”这一美丽的辞藻在国人的心目中，便始终与高雅、诗意等紧紧相连。

杵臼，一曰碓，惟恒用者佳。

二之具

籯（加追反[1]），一曰篮，一曰笼，一曰筥，以竹织之，受五升[2]，或一斗[3]、二斗、三斗者，茶人负以采茶也。（籯，《汉书》音盈，所谓“黄金满籯，不如一经”。颜师古云：“籯，竹器也，受四升耳。”）

灶，无用突[4]者。釜，用唇口者。

甑[5]，或木或瓦，匪腰而泥，篮以箅[6]之，篾以系之。始其蒸也，入乎箅；既其熟也，出乎箅。釜涸，注于甑中。（甑，不带而泥之。）又以榖木枝三桠者制之，散所蒸牙笋并叶，畏流其膏 。

杵臼，一曰碓[7]，惟恒用者佳。

---

1 加追反：对“籯”字的反切注音。反切的基本规则是用两个汉字相拼给一个字注音，上字与被切字声母同，下字与被切字的韵母和声调同，上下拼合就是被切字的读音。此处注音加追反，误。

2 升：唐代一升相当于现在的 0.6 升。

3 斗：十升为一斗。唐代的一斗相当于现在的 6 升。

4 突：烟囱。

5 甑（zèng）：古代蒸食炊器。

6 箅（bì）：同“箄”，放在蒸锅或甑底起间隔作用的片状器物。

7 碓（duì）：舂谷子的器具。

籝（加追反），又叫篮，又叫笼，又叫筥，用竹篾编织，容积为五升，也有一斗、二斗、三斗的，是茶农背着采茶用的。（籝，音盈，《汉书》里有这样的话："黄金满籝，不如弄通一部经书。"颜师古《汉书注》："籝，竹器，容量四升。"）

灶，不用有烟囱的。锅，用锅口向外翻出有唇边的。

甑，用木制或陶制的，腰部用泥封好，甑内放竹篮作为甑箅，用竹片系牢。开始蒸的时候，芽叶放到箅里；蒸到适度，从箅里倒出。锅里的水煮干了，从甑中加水进去。（甑和锅的连接处用泥涂封。）再用带着三个分杈的榖木枝，把蒸后的嫩芽叶及时摊开，防止茶汁流失。

杵臼，又名碓，以经常使用的为好。

规，一曰模，一曰棬[1]，以铁制之，或圆，或方，或花。

承，一曰台，一曰砧，以石为之。不然，以槐桑木半埋地中，遣无所摇动。

襜[2]，一曰衣，以油绢或雨衫、单服败者为之。以襜置承上，又以规置襜上，以造茶也。茶成，举而易之。

芘莉[3]（音杷离），一曰籯子，一曰篣筤[4]。以二小竹，长三尺，躯二尺五寸，柄五寸。以篾织方眼，如圃人土罗，阔二尺，以列茶也。

1　棬（quān）：原指曲木制成的盂形器物，这里指用铁制成的模子。

2　襜（chān）：系在衣服前面的围裙，这里是一种清洁用具。

3　芘莉（bì lì）：以竹制成的列置饼茶的器具，原注其音为杷离，与今音不同。

4　篣筤（páng láng）：盛茶叶的竹器。

规，又叫模，又叫棬，用铁制成的圆形、方形或花形的模子。

承，又叫台，又叫砧，用石制成。如用槐木、桑木做，就要把下半截埋进土中，使它不能摇动。

襜，又叫衣，可用油绢或破旧的雨衣、单衫做成。把“襜”放在“承”上，再把“规”放在“襜”上，用来制作饼茶。压成一块后，拿起来，另外换一个模子再做。

芘莉（音杷离），又叫籯子或筹筤。用两根各长三尺的小竹竿，制成身长二尺五寸、手柄长五寸、宽二尺的工具，当中用篾织成方眼，好像种菜人用的土筛，用来放置饼茶。

棨[1]，一曰锥刀，柄以坚木为之，用穿茶也。

扑[2]，一曰鞭，以竹为之，穿茶以解[3]茶也。

焙[4]，凿地深二尺，阔二尺五寸，长一丈。上作短墙，高二尺，泥之。

贯[5]，削竹为之，长二尺五寸，以贯茶焙之。

棚，一曰栈。以木构于焙上，编木两层，高一尺，以焙茶也。茶之半干，升下棚；全干，升上棚。

---

1 棨（qǐ）：此处指在茶饼上钻孔的锥刀。

2 扑：穿茶饼用的竹条。

3 解（jiè）：作动词，运送。

4 焙（bèi）：此处指烘茶饼的茶炉。

5 贯：烘茶饼时将茶饼穿成串的长竹条。

棨，又叫锥刀，用坚实的木料做柄，用来给茶饼穿孔。

扑，又叫鞭，竹子编成，用来把茶饼穿成串，以便搬运。

焙，地上挖坑，深二尺，宽二尺五寸，长一丈。地面上砌矮墙，高二尺，用泥抹平整。

贯，竹子削制而成，长二尺五寸，用来穿茶烘焙。

棚，又叫栈。用木做成架子，放在焙上，分上下两层，相距一尺，用来焙茶。茶半干时，放到下层；待全干，放到上层。

穿[1]（音钏），江东、淮南剖竹为之，巴山、峡川，纫榖皮为之。江东，以一斤为上穿，半斤为中穿，四两、五两为小穿。峡中，以一百二十斤为上（穿），八十斤为中穿，五十斤为小穿。穿字旧作"钗钏"之"钏"字，或作贯串。今则不然，如磨、扇、弹、钻、缝五字，文以平声书之，义以去声呼之，其字以穿名之。

育，以木制之，以竹编之，以纸糊之。中有隔，上有覆，下有床，傍有门，掩一扇。中置一器，贮煻煨[2]火，令煴煴然[3]。江南梅雨时，焚之以火。（育者，以其藏养为名。）

1　穿：将制好的茶饼穿串时用的一种工具。

2　煻煨（táng wēi）：即热灰。

3　煴煴（yūn yūn）然：火势微弱的样子。

穿（音钏），江东、淮南一带剖竹做成，川东、鄂西一带用榖树皮搓成。江东把一斤称为“上穿”，半斤称为“中穿”，四两、五两（十六两制）称为“小穿”。峡中则称一百二十斤为“上穿”，八十斤为“中穿”，五十斤为“小穿”。“穿”字，先前作“钗钏”的“钏”字，有时作贯串。现在不同，像磨、扇、弹、钻、缝五字那样，放在文中，按平声的字形书写，读起来则用去声表达意义。这里把它叫作“穿”。

育，用木制成框架，竹篾编织外围，再用纸裱糊。中有间隔，上有盖，下有托盘，旁有一扇门。中间放一器皿，盛有火灰，使有火无焰。江南梅雨季节，需要生火排湿。（育，因其有收藏、保护作用而定名。）

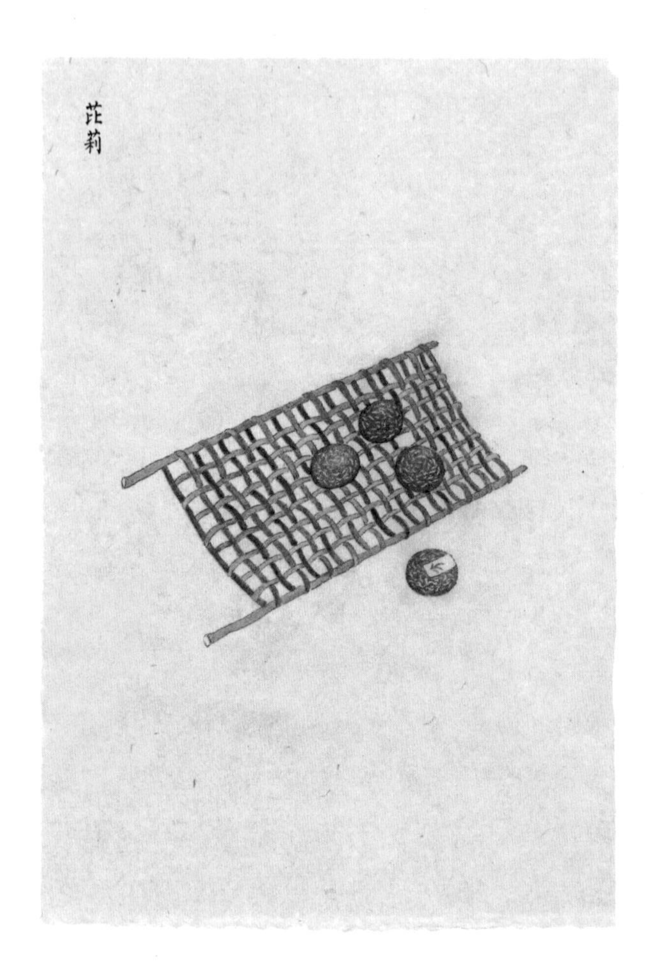
茈莉

育

之赏

当一片鲜叶被纤纤素手投入竹篮，它的生命便开始了另外一段旅程——从山野入堂奥，在重重修炼之后，收获极致的香气。

采制工具就是茶叶修炼之所。

本篇胪列茶的采制工具，包括采茶、蒸茶、成型、干燥、计数和封藏工具十几种，这些工具多取材于竹、木、泥、石等身边常见的材料，制作简单、便捷。一方面，与陆羽所倡导的“茶性俭”的精神一脉相承；另一方面，却简而不陋，完整地承载了茶叶从被采摘到成茶的生命历程。

时至今日，这些工具已消失在历史的烟尘中，然而通过陆羽的文字，后人还是能细致地想象到唐代蒸青茶饼的制作工艺。一片普通的茶叶，由采而蒸，再到成型、干燥，最终封藏，仿佛一幅生动的画卷，展现在读者的眼前。

唐代的蒸青工艺相较前代的简单煮饮，已经有了很大的进步，制作出来的茶饼开始俘获唐人的味蕾。透过本篇，我们可以深刻地感受到唐代制茶工艺的特点：讲究但不奢侈，细致但不烦琐。宋代北苑的龙团凤饼精则精矣，美则美矣，但总给人一种纤弱的感觉，不如唐代茶饼阳刚大气，这或许与大唐的雄浑世风密不可分。

凡采茶，在二月、三月、四月之间。

三之造

凡采茶，在二月、三月、四月之间。

茶之笋者，生烂石沃土，长四五寸，若薇蕨[1]始抽，凌露采焉。茶之牙者，发于丛薄[2]之上，有三枝、四枝、五枝者，选其中枝颖拔者采焉。

其日有雨不采，晴有云不采。晴，采之，蒸之，捣之，拍之，焙之，穿之，封之，茶之干矣。

1　薇蕨（jué）：薇，薇科，一年生草本植物，叶尖端卷曲如旋涡；蕨，蕨科，地下茎很长，春时出嫩叶，其端卷曲如拳。

2　丛薄：丛生的草木。

采茶一般在农历二月、三月、四月间。

肥壮如笋的芽叶，生长在有风化石碎块的肥沃的土壤里，长四五寸，好像刚刚抽芽的薇、蕨嫩叶，清晨带着露水采摘它。次一等的细弱芽叶，生长在草木丛中的茶树上，从一老枝上生发三枝、四枝、五枝新梢的，选择其中长得较挺拔的采摘。

当天有雨不采，晴天有云也不采。天气晴朗时才采摘，采摘的芽叶，放入甑中蒸熟，再用杵臼捣烂，然后放到模子中压成饼，再焙干，穿成串，封藏好，茶饼就制成了。

采茶图

茶有千万状，卤莽[1]而言，如胡人靴者，蹙缩[2]然（京锥文也）；犎牛[3]臆者，廉襜[4]然；浮云出山者，轮囷[5]然；轻飙[6]拂水者，涵澹[7]然。有如陶家之子，罗膏土以水澄泚[8]之（谓澄泥也）。又如新治地者，遇暴雨流潦之所经。此皆茶之精腴。有如竹箨[9]者，枝干坚实，艰于蒸捣，故其形籭簁[10]然（上离下师）。有如霜荷者，茎叶凋沮，易其状貌，故厥状委萃[11]然。此皆茶之瘠老者也。

1　卤莽：此处为粗略之意。

2　蹙（cù）缩：褶皱。

3　犎（fēng）牛：一种项上有肉隆起的牛。

4　廉襜：像围裙一样有褶皱。

5　轮囷（qūn）：盘结屈曲的样子。

6　飙（biāo）：指风。

7　涵澹（dàn）：水激荡的样子。

8　澄泚（dèng cǐ）：澄，使液体中的杂质沉下去；泚，清澈，鲜明。

9　箨（tuò）：竹笋上一片一片的皮。

10　籭簁（shāi shāi）：籭（古同“筛”），簁，均指竹筛，是去粗取细的工具。原注音与今音不同。

11　委萃：枯萎，枯槁。萃，通“悴”，憔悴，困苦。

茶的形状千姿百态，粗略地说，有的像胡人的皮靴，皮革皱缩着（像箭矢上所刻的纹理）；有的像野牛的胸部，有细微的褶痕；有的像浮云出山，团团盘曲；有的像轻风拂水，微波荡漾。有的像陶匠筛出细土，再用水沉淀出的泥膏那么光滑润泽（用水澄清的筛过的陶土）。有的又像新整的土地，被暴雨急流冲刷而高低不平。这些都是精美上等的茶。有的叶像笋壳，枝梗坚硬，很难蒸捣，所以制成的茶叶形状像簏簁（簏音离，簁音师）。有的像经霜的荷叶，茎叶凋败，变了样子，所以制成的茶外貌枯干瘦薄。这些都是坏茶、老茶。

自采至于封，七经目；自胡靴至于霜荷，八等。

或以光黑平正言嘉者，斯鉴之下也。以皱黄坳垤[1]言佳者，鉴之次也。若皆言嘉及皆言不嘉者，鉴之上也。何者？出膏者光，含膏者皱；宿制者则黑，日成者则黄；蒸压则平正，纵之[2]则坳垤。此茶与草木叶一也。

茶之否臧[3]，存于口诀。

1　坳垤（ào dié）：此处指茶饼表面凹凸不平。坳，土地低凹；垤，小土堆。

2　纵之：放任它，此处指不认真制作。

3　否臧（pǐ zāng）：好坏，优劣。否，坏；臧，好。

从采摘到封装，经过七道工序；从像胡人皮靴的皱缩状到类似经霜荷叶的衰萎状，共八个等级。

饼茶品质的鉴定，有的人把黑亮、平整作为好茶的标志，这是下等的鉴别方法。把皱缩、黄色、凹凸不平作为好茶的特征，这是次等的鉴别方法。若既能指出茶的佳处，又能道出不好处，这才是最会鉴定茶的。为什么这样说呢？因为压出了茶汁的茶饼表面就光润，含着茶汁的就皱缩；过夜制成的色黑，当天制成的色黄；蒸后压得紧的就平整，压得不实的就凹凸不平。这是茶和草木叶子共同的特点。

茶制得好坏的鉴定，存有口诀。

之赏

本篇主要谈了两个问题。一是采茶，涉及采茶的时令、叶芽的标准和气候条件。采茶是制茶工艺的初始环节，采摘茶叶的品质对最终的茶汤口感至关重要。

关于制茶过程的描写，陆羽可谓惜字如金，“采之”后，“蒸之，捣之，拍之，焙之，穿之，封之”，简练的句式传达出一气呵成的节奏。

二是茶饼的外观鉴定。好茶的外观有六种表征，劣茶有两种。陆羽具有出色的文学才华和想象力，他以生动鲜明的比喻刻画茶饼的外观。在他的笔下，好茶和劣茶都有了具体而活泼的特征。

在本篇中，陆羽还提供了具体的鉴定方法，好的鉴茶者应该是知其然并且知其所以然的，“皆言嘉及皆言不嘉者，鉴之上也”。

邢州瓷白，茶色红；
寿州瓷黄，茶色紫；
洪州瓷褐，茶色黑；悉不宜茶。

四之器

风炉（灰承） 筥 炭楇 火筴

鍑（音辅，或作釜，或作鬴） 交床 夹 纸囊

碾（拂末） 罗合 则 水方 漉水囊

瓢 竹筴 鹾簋（揭） 熟盂 碗 畚

札 涤方 滓方 巾 具列 都篮

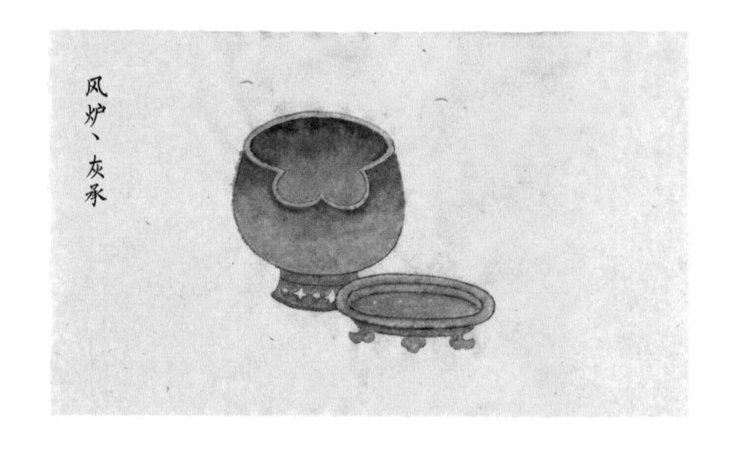

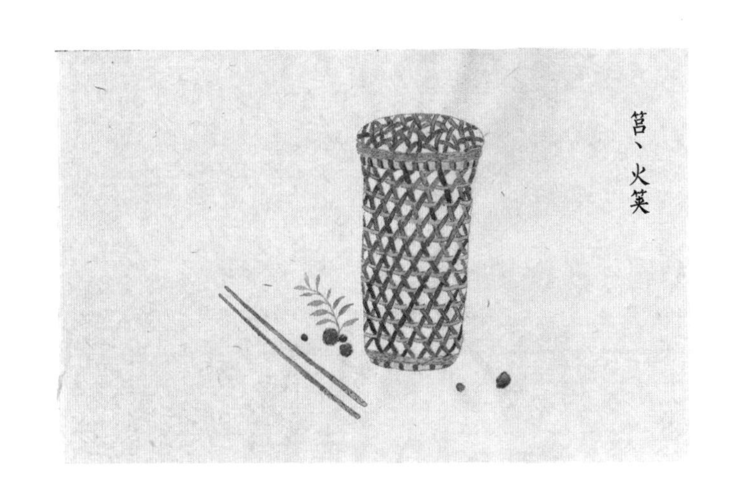

风炉（灰承） 筥 炭楇 火筴

鍑（音辅，或作釜，或作鬴） 交床 夹 纸囊

碾（拂末） 罗合 则 水方 漉水囊

瓢 竹筴 鹾簋（揭） 熟盂 碗 畚

札 涤方 滓方 巾 具列 都篮

风炉（灰承）

风炉，以铜、铁铸之，如古鼎形，厚三分，缘阔九分，令六分虚中，致其杇墁[1]。凡三足，古文书二十一字。一足云："坎上巽下离于中[2]"；一足云："体均五行去百疾[3]"；一足云："圣唐灭胡明年铸[4]"。其三足之间，设三窗。底一窗以为通飙漏烬之所。上并古文书六字，一窗之上书"伊公"二字，一窗之上书"羹陆"二字，一窗之上书"氏茶"二字。所谓"伊公羹，陆氏茶"也。

1　杇墁（wū màn）：此处指涂泥。杇，同"圬"，涂墙时用的抹子；墁，墙壁上的涂饰。

2　坎上巽（xùn）下离于中：坎、巽、离都是八卦和六十四卦的卦名。坎象水，巽象风，离象火。煮茶的时候，坎水在上面的锅中，巽风从炉下进入，帮助离火在炉中燃烧。

3　体均五行去百疾：指五脏调和，百病不生。

4　圣唐灭胡明年铸：圣唐灭胡通常指彻底平定安史之乱，即公元 763 年。明年即公元 764 年。在这一年，陆羽造了这个风炉。

风炉（附有灰承）

风炉，用铜或铁铸成，像古鼎的样子，炉壁厚三分，炉口上的边缘宽九分，使炉壁和炉腔中间空出六分，用泥涂满。炉的下方有三只脚，铸上古文字，共二十一个字。一只脚上铸“坎上巽下离于中”，一只脚上铸“体均五行去百疾”，另一只脚上铸“圣唐灭胡明年铸”。在三只脚间开三个窗口。炉底下一个洞用来通风漏灰。三个窗口上铸六个古文字，一个窗口上铸“伊公”二字，一个窗口上铸“羹陆”二字，一个窗口上铸“氏茶”二字。就是“伊公羹，陆氏茶”的意思。

置墆臬[1]于其内，设三格：其一格有翟[2]焉，翟者，火禽也，画一卦曰离；其一格有彪焉，彪[3]者，风兽也，画一卦曰巽；其一格有鱼焉，鱼者，水虫也，画一卦曰坎。巽主风，离主火，坎主水，风能兴火，火能熟水，故备其三卦焉。其饰，以连葩、垂蔓、曲水、方文之类。其炉，或锻铁为之，或运泥为之。其灰承，作三足，铁柈[4]台之。

---

1 墆臬（dié niè）：这里指风炉内架锅用的支撑物，其上部形状像城墙雉堞一样。墆，贮藏；臬，小山。

2 翟（dí）：长尾巴的野鸡。古人认为野鸡属于火禽。

3 彪：小虎。古人认为虎从风，属于风兽。

4 柈（pán）：古同“盘”。

炉的里边，设有放燃料的炉床，又设三个支锅的架：一个上面有野鸡图形，野鸡是火禽，画一离卦；一个上面有虎的图形，虎是风兽，画一巽卦；一个上面有鱼的图形，鱼是水中生物，画一坎卦。“巽”表示风，“离”表示火，“坎”表示水，风能使火烧旺，火能把水煮开，所以要有这三卦。炉身用花卉、藤草、流水、方形花纹等图案来装饰。风炉也有用熟铁打的，也有用泥巴做的。灰承，是一个有三只脚的铁盘，用来托住炉子，承接炉灰。

筥

筥[1]，以竹织之，高一尺二寸，径阔七寸。或用藤，作木楦[2]如筥形，织之，六出圆眼。其底盖若利箧[3]口，铄[4]之。

炭檛

炭檛[5]，以铁六棱制之，长一尺，锐上，丰中，执细。头系一小锟[6]，以饰檛也，若今之河陇军人木吾[7]也。或作锤，或作斧，随其便也。

火筴

火筴，一名筯，若常用者，圆直一尺三寸，顶平截，无葱台勾锁之属，以铁或熟铜制之。

1　筥（jǔ）：圆形的竹筐。

2　楦（xuàn）：楦子，指制鞋、制帽时用以填紧鞋子或撑大鞋帽中空部分的木制模架，这里指制作筥之前先做好的筥形木制模架。

3　利箧（qiè）：竹箱子。

4　铄（shuò）：磨削平整、光滑。

5　炭檛（zhuā）：碎炭用的铁棒。

6　锟（zhǎn）：炭檛上的装饰物，形似灯盘。

7　木吾：木棒。吾，通“圄”，防御。

筥

筥，用竹子编制，高一尺二寸，直径七寸。也有的先做个像筥形的木箱，再用藤在外面编，编出六角圆眼。底和盖像箱子的口，削光滑。

炭檛

炭檛，用六棱铁棒做成，长一尺，头部尖，中间粗，握处细。握的那头套一个小辗作为装饰，好像现在黄河陇山地带的军人用的木棍。有的把铁棒做成锤形，有的做成斧形，各随其便。

火筴

火筴，又叫筯，就是平常用的火钳。圆而直，长一尺三寸，顶端扁平，不用装饰物，用铁或熟铜制成。

镀（音辅，或作釜，或作鬴）

镀，以生铁为之。今人有业冶者，所谓急铁[1]，其铁以耕刀之趄[2]，炼而铸之。内摸土而外摸沙。土滑于内，易其摩涤；沙涩于外，吸其炎焰。方其耳，以正令也[3]。广其缘，以务远也。长其脐，以守中也。脐长，则沸中；沸中，则末易扬；末易扬，则其味淳也。洪州以瓷为之，莱州以石为之。瓷与石皆雅器也，性非坚实，难可持久。用银为之，至洁，但涉于侈丽。雅则雅矣，洁亦洁矣，若用之恒，而卒归于铁也。

1　急铁：即前文所言之生铁。

2　趄（qiè）：本意为倾斜，后引申为残破、破损。

3　以正令也：让它变得端正。

镀（音辅，或作釜，或作鬴）

镀（釜或锅），用生铁做成。生铁，现在搞冶炼的人称之为急铁，那铁是以用坏了的农具炼铸的，可用来制造镀。铸锅时，里面抹上泥，外面抹上沙。里面抹上泥，锅面光滑，容易擦洗；外面抹上沙，锅底粗糙，容易吸热。锅耳做成方的，能让锅放得端正。锅边要宽，使火焰好伸展开。锅脐要长，使火力集中在中心。脐长，水就在锅中心沸腾；在锅中心沸腾，水沫易于上升；水沫易于上升，水味就淳美。洪州用瓷做锅，莱州用石做锅。瓷锅和石锅都是雅致好看的器皿，但不坚固，不耐用。用银做锅，非常清洁，但不免过于奢侈了。雅致固然雅致，干净也确实干净，但从耐久实用的角度说，还是铁锅好。

交床

交床[1]，以十字交之，剜中令虚，以支鍑也。

夹

夹，以小青竹为之，长一尺二寸。令一寸有节，节已上剖之，以炙茶也。彼竹之筱[2]，津润于火，假其香洁以益茶味。恐非林谷间莫之致。或用精铁、熟铜之类，取其久也。

纸囊

纸囊，以剡藤纸白厚者夹缝之，以贮所炙茶，使不泄其香也。

1　交床：即胡床，一种坐具，轻便可折叠，此处指用来放锅的架子。

2　筱（xiǎo）：小竹子。

交床

交床，用十字交叉的木架，把中间剜空，用来支撑锅。

夹

夹，用小青竹制成，长一尺二寸。让一头的一寸处有节，节以上剖开，用来夹着茶饼在火上烤。那竹条在火上烤出汁液来，借它的清香来增加茶的香味。但若不在山林间炙茶，恐怕难以弄到这青竹。有的用好铁或熟铜制作，取其耐用的长处。

纸囊

纸囊，用两层又白又厚的剡藤纸缝制而成，用来贮放烤好的茶，使香气不散失。

碾（拂末[1]）

碾，以橘木为之，次以梨、桑、桐、柘[2]为之。内圆而外方。内圆，备于运行也；外方，制其倾危也。内容堕而外无余木。堕，形如车轮，不辐[3]而轴[4]焉。长九寸，阔一寸七分。堕径三寸八分，中厚一寸，边厚半寸。轴中方而执圆。其拂末，以鸟羽制之。

罗合

罗末，以合盖贮之，以则置合中。用巨竹剖而屈之，以纱绢衣[5]之。其合，以竹节为之，或屈杉以漆之，高三寸，盖一寸，底二寸，口径四寸。

1　拂末：扫茶末的用具。

2　柘（zhè）：木名，属桑科，是一种贵重的木料。

3　辐（fú）：车轮上连接轮辋和车毂（gǔ）的直条。

4　轴（zhóu）：圆柱形零件，轮子或其他转动的机件绕着或随着它转动。

5　衣：以衣布在器物表面蒙盖。

碾（拂末）

碾用橘木制成，其次用梨木、桑木、桐木、柘木制成。碾，内圆外方。内圆以便运转，外方防止倾倒。槽内放一个堕（木碾轮），不留空隙。堕形状像车轮，只是没有车辐，中心安一根轴。轴长九寸，宽一寸七分。碾轮直径三寸八分，中厚一寸，边厚半寸。轴中间是方的，柄是圆的。拂末，用鸟的羽毛制成。

罗合

罗是罗筛，合是盒。将用罗筛出的茶末放在盒中，将盖子盖紧存放，把则（量器）也放在盒中。罗筛，将大竹剖开并弯曲成圆形，罗底安上纱或绢。盒用竹节制成，或将杉树片弯曲成圆形，漆上油漆。盒，高三寸，盖一寸，底二寸，口径四寸。

锼、交床

碾、拂末

则

则，以海贝、蛎、蛤之属，或以铜、铁、竹匕、策之类。则者，量也，准也，度也。凡煮水一升，用末方寸匕[1]，若好薄者，减之；嗜浓者，增之，故云则也。

水方

水方，以椆木[2]、槐、楸、梓等合之，其里并外缝漆之，受一斗。

漉水囊

漉水囊，若常用者，其格以生铜铸之，以备水湿，无有苔秽、腥涩意。以熟铜苔秽，铁腥涩也。林栖谷隐者，或用之竹木。木与竹非持久涉远之具，故用之生铜。其囊，织青竹以卷之，裁碧缣[3]以缝之，纽翠钿[4]以缀之。又作绿油囊以贮之。圆径五寸，柄一寸五分。

1　方寸匕：古代量药的器具。

2　椆（chóu）木：壳斗科，常绿乔木。

3　缣（jiān）：用双丝织成的细绢。

4　翠钿（diàn）：用青绿色珠宝镶嵌的首饰和器物。

则

则，用海中的贝、蛎、蛤之类的壳，或用铜、铁、竹做的匙、小箕之类充当。“则”是度量标准的意思。一般说来，烧一升的水，用一方寸匕的匙量取茶末。如果喜欢味道淡的，就减少茶末；喜欢喝浓茶的，就增加茶末，因此叫“则”。

水方

水方，用椆木、槐木、楸木、梓木等制成，内外的缝都用油漆涂封，容水量一斗。

漉水囊

漉水囊，同常用的滤水工具一样，它的骨架用生铜铸造，以免打湿后产生铜绿、附着污垢，使水有腥涩味道。用熟铜，易生铜绿污垢；用铁，易生铁锈，使水腥涩。隐居山林的人，也有用竹或木制作漉水囊的。但竹木制品不耐久用，不便携带远行，所以要用生铜做。滤水的袋子，用青篾丝编织，卷曲成袋形，再裁剪碧绿绢缝制，缀上翠钿作为装饰。又做一个绿色油布口袋把漉水囊整个装起来。漉水囊的口径五寸，柄长一寸五分。

瓢

瓢，一曰牺杓[1]，剖瓠为之，或刊木为之。晋舍人杜育《荈赋》云："酌之以匏[2]。"匏，瓢也，口阔，胫薄，柄短。永嘉中，余姚人虞洪入瀑布山采茗，遇一道士云："吾，丹丘子，祈子他日瓯牺[3]之余，乞相遗[4]也。"牺，木杓也。今常用以梨木为之。

竹筴

竹筴，或以桃、柳、蒲葵木为之，或以柿心木为之。长一尺，银裹两头。

鹾簋（揭）[5]

鹾簋，以瓷为之。圆径四寸，若合形。或瓶、或罍[6]，贮盐花也。其揭，竹制，长四寸一分，阔九分。揭，策也。

1　牺杓（sháo）：瓢的别称。牺，古代的酒樽名，有翡翠作为装饰。杓，同"勺"，勺子。

2　匏（páo）：葫芦之属。

3　瓯牺：用来喝茶的杯、勺之类。

4　遗（wèi）：给予，赠送。

5　鹾簋（cuó guǐ）：盛盐的椭圆容器。揭：竹片做的取盐工具。

6　罍（léi）：酒樽。

瓢

瓢，又叫牺杓，把葫芦剖开制成，或是用树木挖成。晋朝中书舍人杜育的《荈赋》说："酌之以匏。"匏，就是瓢，口阔、瓢身薄、柄短。晋代永嘉年间，余姚人虞洪到瀑布山采茶，遇见一道士对他说："我是丹丘子，希望你日后把那喝不完的茶送些给我喝。"牺，就是木勺。现在常用的，是用梨木制成的。

竹筴

竹筴，有用桃木做的，也有用柳木、蒲葵木或柿心木做的。长一尺，用银包裹两头。

鹾簋（揭）

鹾簋，用瓷做成。圆形，直径四寸，像盒子。也有的做成瓶形、小口坛形，装盐用。揭，用竹制成，长四寸一分，宽九分。这种揭，是取盐用的工具。

熟盂

熟盂，以贮熟水，或瓷、或沙，受二升。

碗

碗，越州上，鼎州次，婺州次；岳州上，寿州、洪州次。或者以邢州处越州上，殊为不然。若邢瓷类银，越瓷类玉，邢不如越一也；若邢瓷类雪，则越瓷类冰，邢不如越二也；邢瓷白而茶色丹，越瓷青而茶色绿，邢不如越三也。晋杜育《荈赋》所谓："器择陶拣，出自东瓯。"瓯，越也。瓯，越州上，口唇不卷，底卷而浅，受半升已下。越州瓷、岳瓷皆青，青则益茶。茶作白红之色。邢州瓷白，茶色红；寿州瓷黄，茶色紫；洪州瓷褐，茶色黑；悉不宜茶。

熟盂

熟盂，用来盛开水，瓷制或陶制，容量二升。

碗

碗，越州产的为上品，鼎州、婺州的次；又岳州的为上品，寿州、洪州的次。有人认为邢州产的比越州好，其实完全不是这样。如果说邢州瓷质地像银，那么越州瓷就像玉，这是邢瓷不如越瓷的第一点；如果说邢瓷像雪，那么越瓷就像冰，这是邢瓷不如越瓷的第二点；邢瓷白而使茶汤呈红色，越瓷青而使茶汤呈绿色，这是邢瓷不如越瓷的第三点。晋代杜育《荈赋》说：“器择陶拣，出自东瓯。”瓯（地名），就是越州。瓯（小茶盏），越州产的最好，口不卷边，底卷边而浅，容积不超过半升。越州瓷、岳州瓷都是青色，能增益茶汤色泽。一般茶色淡红。邢州瓷色白，茶汤是红色；寿州瓷色黄，茶汤呈紫色；洪州瓷色褐，茶汤呈黑色，都不适合盛茶。

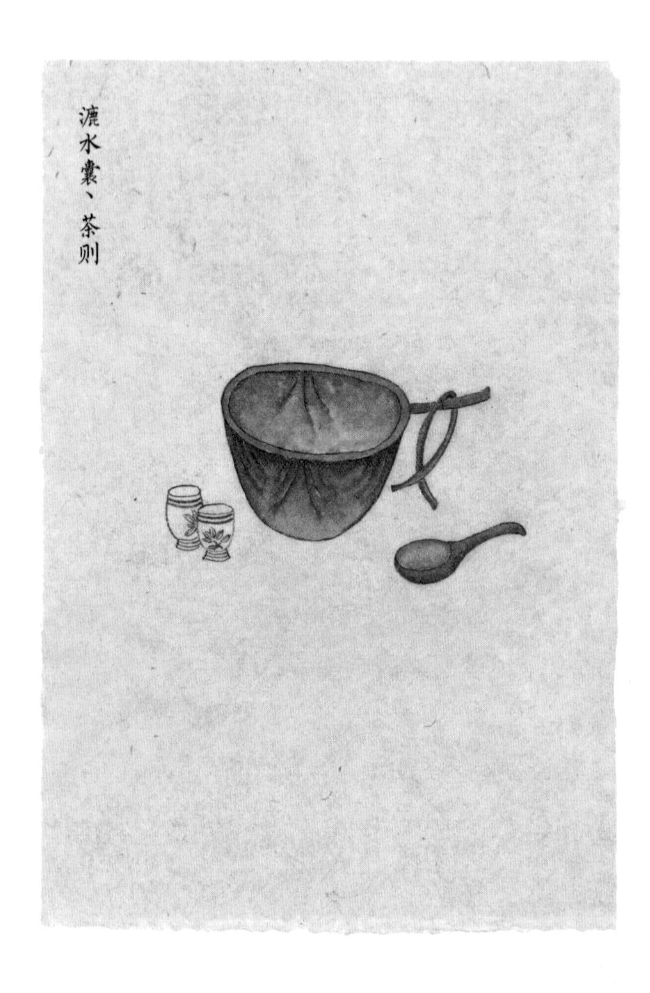
漉水囊、茶则

鹾簋、瓢

畚[1]

畚，以白蒲卷而编之，可贮碗十枚。或用筥，其纸帊以剡纸夹缝，令方，亦十之也。

札

札，缉栟榈皮，以茱萸木夹而缚之，或截竹束而管之，若巨笔形。

涤方

涤方，以贮涤洗之余，用楸木合之，制如水方，受八升。

滓方

滓方，以集诸滓，制如涤方，处五升。

1　畚（běn）：用蒲草或者竹子做成的盛物器具。

畚

畚，用白蒲草编成，可放十只碗。也有的把竹筥当作畚用，衬以双层剡纸，夹缝成方形，也可放碗十只。

札

札，用茱萸木夹上棕榈皮，捆紧，或用一段竹子，扎上棕榈纤维，像大毛笔的样子。

涤方

涤方，盛洗涤的水和茶具，用楸木制成，制法和水方一样，可容水八升。

滓方

滓方，用来盛各种渣滓，制作方法如涤方，容积五升。

巾

巾，以𫄨[1]布为之，长二尺，作二枚，互用之，以洁诸器。

具列

具列，或作床[2]，或作架。或纯木、纯竹而制之。或木，或竹，黄黑可扃[3]而漆者。长三尺，阔二尺，高六寸。具列者，悉敛诸器物，悉以陈列也。

都篮

都篮，以悉设诸器而名之。以竹篾，内作三角方眼，外以双篾阔者经之，以单篾纤者缚之，递压双经，作方眼，使玲珑。高一尺五寸，底阔一尺、高二寸，长二尺四寸，阔二尺。

---

1 𫄨（shī）：一种粗绸。

2 床：此处指支架或者几案。

3 扃（jiōng）：从外面关门的闩。

巾

巾，用粗绸子制作，长二尺，做两块，交替使用，用以擦拭茶具。

具列

具列，做成床形或架形。或纯用木制，或纯用竹制。也可木竹兼用，漆作黄黑色，有门可从外关。长三尺，宽二尺，高六寸。叫它具列，是因为它可以贮放陈列各种茶具。

都篮

都篮，因能装下所有器具而得名。用竹篾编成，里面编成三角形或方形的眼，外面用两道宽篾作为经线，一道窄篾作为纬线，将窄篾交错地编压在两道宽篾上，编成方眼，使其玲珑精巧。都篮高一尺五寸，底宽一尺、高二寸，长二尺四寸，宽二尺。

巾、水方

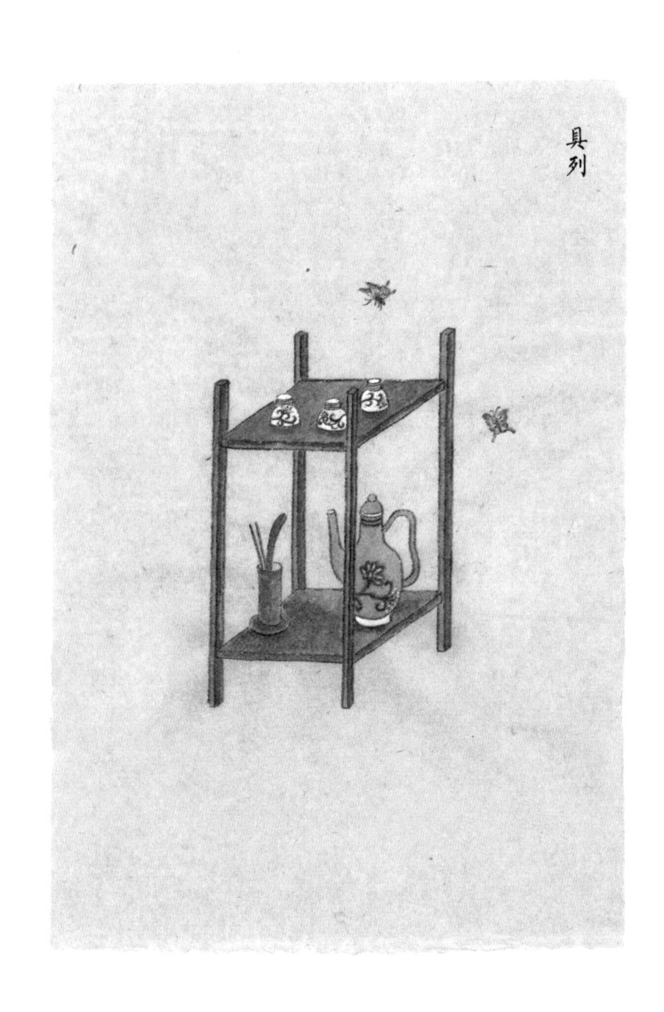
具列

之赏

《茶经》全文共分三卷，本篇单独占了一卷，由此可见其重要性。全篇开列从生火、煮茶到盛器及清洁用具共25种，除都篮外，真正用于煮茶、饮茶的共24器。这些器物展现了陆羽煮茶的具体流程，渗透着他的茶道精神。

在陆羽设计的风炉的炉壁的三个小洞口上方，分别铸刻了“伊公”“羹陆”“氏茶”各两个古文字，连起来即为“伊公羹，陆氏茶”，陆羽把自己的茶汤和商代贤相伊尹所煮的羹汤相提并论，这一细节透露出陆羽心中的自我期许相当高远，和杜甫“窃比稷与契”同一机杼，唐人的自信和豪迈，千年之后仍可清晰窥见。

对于器物材料的选择，陆羽主张实用朴素，须有益于茶汤品质。如煮水的锅，用瓷或石料，虽然雅致，但不耐久；用银料，比较清洁，但过于奢侈华美。所以最实用的还是铁锅。漉水囊的格（即骨架）要用生铜铸造，避免煮茶用水有青苔和铁腥气。舀茶汤的瓢，有两种制法，或是把葫芦剖开，或是用木头刨刻。陆羽特别引用晋人杜育《荈赋》中“酌之以匏”，此句在《诗经·大雅·公刘》中为“酌之用匏”，意思是用葫芦做的瓢来舀酒喝。瓢取材自然，工艺简单，以瓢舀酒，表现出周人初创时期节俭质朴的风气。一把朴素的瓢，把茶道精神与悠久厚重的民族传统联结起来。

陆羽还特别重视茶碗与茶汤颜色的匹配，他又一次引用杜育《荈赋》中的“器择陶拣，出自东瓯”，此处的东瓯应指越窑所烧制的青瓷。早期的蒸青茶饼，煮成的茶汤呈淡黄色，盛在淡绿色的青瓷茶碗里，茶碗的颜色与茶汤的色泽非常和谐，茶汤因茶碗的映衬也呈现几分绿色，这是很柔和很养眼的色泽。陆羽把唐代邢州白瓷与越州青瓷做了比较，无论是质地、色泽，还是与茶汤的匹配度，越窑瓷均优于邢州瓷，邢州瓷华美富丽，显然与陆羽倡导的质朴俭约的茶道精神不符。

茶性俭，不宜广，广则其味黯澹。

五之煮

凡炙茶，慎勿于风烬间炙，熛[1]焰如钻，使炎凉不均。持以逼火，屡其翻正，候炮[2]（普教反）出培塿[3]，状虾蟆背，然后去火五寸。卷而舒，则本其始，又炙之。若火干者，以气熟止；日干者，以柔止。

其始，若茶之至嫩者，蒸罢热捣，叶烂而牙笋存焉。假以力者，持千钧杵，亦不之烂。如漆科珠，壮士接之，不能驻其指。及就，则似无穰[4]骨也。炙之，则其节若倪倪[5]，如婴儿之臂耳。

既而承热用纸囊贮之，精华之气无所散越，候寒末之。（末之上者，其屑如细米；末之下者，其屑如菱角。）

1　熛（biāo）：火焰。

2　炮（páo）：用火烧烤。

3　培塿（lǒu）：小山丘，此处指突起的小疙瘩。

4　穰（ráng）：稻、麦等的秆子。

5　倪倪：弱小的样子。

烤饼茶，不要在迎风的余火上烤，飘忽不定的火苗像钻头，使茶受热不均匀。夹着饼茶靠近火，不停地翻动，等到烤出突起得像蛤蟆背上的小疙瘩，然后离火五寸。当卷曲的饼面又伸展开，再按先前的办法再烤一次。若是焙干的饼茶，要烤到水汽蒸完为止；如果是晒干的，烤到柔软就可以了。

开始制茶的时候，如果是极嫩的芽叶，蒸后趁热捣，叶捣烂了，而芽尖还是完整的。如果只用蛮力，即使拿很重的杵杆，也捣不烂它。这就如同圆滑的漆树籽粒，虽然轻而小，但壮士反而捏不住它是一个道理。捣好后，嫩芽就像没有筋骨似的，经过火烤，柔软得像婴儿的手臂。

烤好后，趁热用纸袋装起来，使它的香气不致散发，等冷了再碾成末。（好的茶末，形如细米；差的茶末，形如菱角。）

煮茶图

其火，用炭，次用劲薪。（谓桑、槐、桐、枥之类也。）其炭，曾经燔炙[1]，为膻腻所及，及膏木、败器，不用之。（膏木，谓柏、桂、桧也。败器，谓朽废器也。）古人有劳薪之味[2]，信哉！

其水，用山水上，江水中，井水下。（《荈赋》所谓："水则岷方之注，挹[3]彼清流。"）其山水，拣乳泉、石池慢流者上；其瀑涌湍漱[4]，勿食之，久食令人有颈疾。又多别流于山谷者，澄浸不泄。自火天至霜郊[5]以前，或潜龙蓄毒于其间，饮者可决之，以流其恶，使新泉涓涓然，酌之。其江水，取去人远者。井，取汲多者。

1　燔（fán）炙：烤肉。

2　劳薪之味：用使用过的陈旧的木柴烧煮食物，使食物的味道受到影响。

3　挹：同"挹"，把液体盛出来。

4　湍（tuān）漱：急流和向下冲刷的水。

5　火天至霜郊：酷暑时节到霜降时节。

煮茶的燃料，最好用木炭，其次用火力强的柴。（如桑、槐、桐、枥之类。）曾经烤过肉，沾染上了腥膻油腻气味的炭，或是含有油脂的木柴（如柏、桂、桧树）以及朽坏的木器（废弃的腐朽木器），都不能用。古人认为用以上所说的不合适的木柴烧出来的东西会有异味，确实如此。

煮茶的水，用山水最好，其次是江河的水，井水最差。（如同《荈赋》所说，水就要饮用像岷江流淌的清流。）山水，最好选取甘美的泉水、石池中缓慢流淌的水；奔涌湍急的水不要饮用，长期喝这种水，会使人颈部生病。几处溪流汇合，停蓄于山谷的水，水虽澄清，但不流动。从酷暑到霜降，也许有蛇蝎等的毒素潜藏其中，要喝时应先挖开缺口，把污秽有毒的水放走，使新的泉水涓涓流来，然后饮用。江河的水，要到远离居民的地方去取，井水要从经常汲水的井中取。

其沸，如鱼目[1]，微有声，为一沸；缘边如涌泉连珠，为二沸；腾波鼓浪，为三沸。已上水老不可食也。

初沸，则水合量，调之以盐味，谓弃其啜余。（啜，尝也，市税反，又市悦反。）无乃䤄䉷[2]而钟其一味乎！（上古暂反，下吐滥反，无味也。）第二沸出水一瓢，以竹筴环激汤心，则量末当中心而下。有顷，势若奔涛溅沫，以所出水止之，而育其华[3]也。

1　鱼目：水刚煮沸时出现的像鱼眼睛的小气泡。

2　䤄䉷（gǎn dǎn）：无味。

3　华：精华，指茶汤表面的浮沫。

水煮沸了，冒出鱼目似的小泡，有轻微的响声，称作“一沸”。锅的边缘有水泡像泉涌连珠般往上冒，称作“二沸”。到了水像波浪般翻滚奔腾，称作“三沸”。再继续煮，水老了，就不宜饮用了。

水初沸时，按照水量放适当的盐调味，把尝剩下的那点水倒掉。（啜，尝的意思，市税反，又市悦反。）切莫因无味而过分加盐，否则，不就成了特别喜欢这种盐味了吗！（䱇音古暂反，䲙音吐滥反，没有味道的意思。）第二沸时，舀出一瓢水，再用竹筴在沸水中转圈搅动，用则量取茶末，沿旋涡中心投下。过一会儿，水大开，波涛翻滚，水沫飞溅，就把刚才舀出的那瓢水倒入止沸，以孕育水面生成的“华”（汤花）。

凡酌，置诸碗，令沫饽[1]均。（《字书》并《本草》：饽，茗沫也。蒲笏反。）沫饽，汤之华也。华之薄者曰沫，厚者曰饽，细轻者曰花。如枣花漂漂然于环池之上，又如回潭曲渚青萍之始生，又如晴天爽朗有浮云鳞然。其沫者，若绿钱浮于水湄，又如菊英堕于𬭚俎[2]之中。饽者，以滓煮之，及沸，则重华累沫，皤皤[3]然若积雪耳。《荈赋》所谓"焕如积雪，烨[4]若春藪[5]"，有之。

1 饽（bō）：沏茶时泛出的浮沫。

2 𬭚（zūn）：古代盛酒的器具，同尊、罇、樽。俎（zǔ）：古代祭祀时放祭品的器具。

3 皤皤（pó pó）：白色。

4 烨（yè）：光辉灿烂。

5 藪（fū）：花的通名。

酌茶时，舀茶汤到碗里，让“沫饽”均匀。（《字书》和《本草》说：饽是茶汤的沫。音蒲笏反。）“沫饽”是茶汤的精华。薄的叫“沫”，厚的叫“饽”，细轻的叫“花”。“花”的外貌，很像枣花在圆形的池塘上浮动，又像回环曲折的潭水、绿洲间新生的浮萍，又像晴朗天空中一抹鳞状浮云。那“沫”，好似青苔浮在水面，又如菊花落入酒樽。那“饽”，即煮茶的渣滓时，水一沸腾，面上便堆起的厚厚一层白色泡沫，像耀眼的积雪一般。《荈赋》中讲的“明亮像积雪，光彩如春花”，真是这样。

第一煮水沸，而弃其沫，之上有水膜如黑云母，饮之则其味不正。其第一者为隽永（徐县、全县二反。至美者曰隽永。隽，味也；永，长也。味长曰隽永。《汉书》：蒯通著《隽永》二十篇也）。或留熟盂以贮之，以备育华救沸之用。诸第一与第二、第三碗次之。第四、第五碗外，非渴甚莫之饮。

凡煮水一升，酌分五碗。（碗数少至三，多至五。若人多至十，加两炉。）乘热连饮之，以重浊凝其下，精英浮其上。如冷，则精英随气而竭，饮啜不消亦然矣。

第一次煮开的水，把沫上一层像黑云母一样的膜状物去掉，它的味道不正。此后，从锅里舀出的第一瓢水，称为“隽永”（徐县、全县二反。隽永是茶味至美之意。隽指滋味；永指长久。味长就是隽永。《汉书》：蒯通著《隽永》二十篇）。可以将其贮放在熟盂里，用来养育汤花、减轻沸腾。以后舀出的第一、第二、第三碗，味道略差些。第四、第五碗之外，要不是渴得太厉害，就不值得喝了。

一般烧水一升，分作五碗。（少的三碗，多的五碗。如多到十人，应煮两炉。）趁热连着喝完，因为重浊的物质凝聚下沉，精华浮在上面。如果茶一冷，精华就随热气跑光了，喝起来自然不太受用。

茶性俭，不宜广，广则其味黯澹[1]。且如一满碗，啜半而味寡，况其广乎！

其色缃[2]也，其馨𢟹[3]也。（香至美曰𢟹。𢟹音使。）其味甘，槚也；不甘而苦，荈也；啜苦咽甘，茶也。（一本云：其味苦而不甘，槚也；甘而不苦，荈也。）

1　黯澹：同“黯淡”，此处指茶味淡薄。

2　缃（xiāng）：浅黄色。

3　𢟹（sǐ）：形容香气四溢。

茶的本性俭约，水不宜多放，多了，它的味道就淡薄。就像一满碗茶，喝了一半，味道就觉得差些了，何况水加多了呢！

茶汤的颜色浅黄，香气至美。（最香美的味道叫歖，歖音使。）味道甜的是“槚”；不甜而苦的是“荈”；入口时有苦味，咽下去又有余甘的是“茶”。（另一版本说：味苦而不甜的是“槚”；甜而不苦的是“荈”。）

之赏

本篇主要介绍煮茶的程序和操作细节，体现了陆羽茶艺的具体内容和茶道精神。陆羽注重炙茶、煮茶时的用火，即李约所总结的“茶须缓火炙，活火煎”。这就要对燃料严格选择。对于煮茶用水，陆羽提出“山水上，江水中，井水下”的原则。活火活水，成为中国茶艺和茶道的灵魂，蕴含着中国人的生命意识和审美标准。

煮水是日常琐细之事，陆羽却按其程度分为一沸、二沸和三沸，并用鲜明的意象来比拟，给读者留下了深刻的印象。在煮茶时，陆羽通过精细的操作，孕育出茶汤表面的汤花，并根据汤花的薄厚分为花、沫、饽三种形态。陆羽用抒情的笔调来铺排这些事物，如以池塘水面飘落的枣花、水潭上初生的青萍和湛蓝的天空里的几片浮云来形容细碎的汤花，这样的文字美到让人心醉。这些文字的背后，是陆羽对茶艺的热爱、沉迷和专注，一碗茶汤不仅仅是拿来喝的，还是赏心悦目的艺术品。调弄出这样一碗茶汤的茶圣的细致和深情也让千载之下的读者动容。

陆羽非常重视茶汤的品质和色、香、味带给饮者的美感。他认为，茶性俭，茶饼中的有效成分含量不多，所以要控制干茶量和水的比例，一茶则茶末煮水一升，分盛五碗，每碗所盛茶汤不超过其容量的一半，必须趁热喝下。陆羽描述茶的滋味是“啜苦咽甘”，好茶就应该是这个样子的，入口微苦，到了喉咙处产生回甘，苦和甘在口中构成丰富的层次，茶的魅力正在于此。

茶有九难：一曰造，二曰别，
三曰器，四曰火，五曰水，
六曰炙，七曰末，八曰煮，九曰饮。

六之饮

翼而飞，毛而走，呿[1]而言，此三者俱生于天地间，饮啄[2]以活，饮之时义远矣哉！至若救渴，饮之以浆；蠲[3]忧忿，饮之以酒；荡昏寐，饮之以茶。

茶之为饮，发乎神农氏，闻于鲁周公。齐有晏婴，汉有扬雄、司马相如，吴有韦曜，晋有刘琨、张载、远祖纳、谢安、左思之徒，皆饮焉。滂时浸俗[4]，盛于国朝。两都并荆渝间，以为比屋之饮[5]。

1　呿（qū）：张口貌。

2　饮啄：饮水啄食，引申为吃喝。

3　蠲（juān）：消除。

4　滂（pāng）时浸俗：流传广泛，成为一种社会风气。

5　比屋之饮：家家户户都饮茶。

禽鸟有翅而飞，兽类毛丰而跑，人开口能言，这三者都生在天地间，依靠饮水啄食来维持生命活动，饮的现实意义是多么深远啊！为了解渴，就得喝水；为了消愁解闷，就得饮酒；为了提神解乏，就得喝茶。

茶作为饮料，开始于神农氏，由周公旦做了文字记载而为大家所知道。春秋时齐国的晏婴，汉代的扬雄、司马相如，三国时吴国的韦曜，晋代的刘琨、张载、陆纳、谢安、左思等人都爱喝茶。后来，饮茶之习广泛流传，逐渐成为一种社会风气，到了唐朝，更是非常盛行。在长安、洛阳这两个都城和湖北、四川一带，已是家家户户都饮茶了。

饮茶图

饮有觕[1]茶、散茶、末茶、饼茶者，乃斫、乃熬、乃炀、乃舂[2]，贮于瓶缶之中，以汤沃焉，谓之痷[3]茶。或用葱、姜、枣、橘皮、茱萸、薄荷之等，煮之百沸，或扬令滑，或煮去沫，斯沟渠间弃水耳，而习俗不已，于戏！

---

1 觕（cū）：同“粗”。

2 乃斫（zhuó）、乃熬、乃炀（yáng）、乃舂（chōng）：斫，砍伐取叶；熬，蒸茶；炀，烘烤；舂，用杵臼捣去谷物的壳或捣碎。

3 痷（ān）：与“淹”“腌”通，浸渍或盐渍之意。

饮用的茶有粗茶、散茶、末茶、饼茶，这些茶经过伐枝采叶、煎熬、烤炙、捣碎等处理后放入瓶罐，用沸水冲泡，这是浸泡的茶。或加入葱、姜、枣、橘皮、茱萸、薄荷等，煮沸很长时间，或把茶汤扬起，使之变得柔滑，或煮好后把茶汤上的沫去掉，这样的茶无异于倒在沟渠里的废水，可是这样的习俗流传不已，可惜！

天育万物，皆有至妙。人之所工，但猎浅易。所庇者屋，屋精极；所著者衣，衣精极；所饱者饮食，食与酒皆精极之。茶有九难：一曰造，二曰别，三曰器，四曰火，五曰水，六曰炙，七曰末，八曰煮，九曰饮。阴采夜焙，非造也；嚼味嗅香，非别也；膻鼎腥瓯，非器也；膏薪庖炭，非火也；飞湍壅潦[1]，非水也；外熟内生，非炙也；碧粉缥[2]尘，非末也；操艰搅遽[3]，非煮也；夏兴冬废，非饮也。

夫珍鲜馥烈者[4]，其碗数三。次之者，碗数五。若坐客数至五，行三碗；至七，行五碗；若六人已下，不约碗数，但阙一人而已，其隽永补所阙人。

1　飞湍壅潦（lǎo）：飞湍，飞奔的流水；壅潦，停滞不流的水。

2　缥（piǎo）：青白色或淡青色。

3　遽（jù）：快速。

4　珍鲜馥烈者：香高味美的好茶。

天生万物，都有它最精妙之处。人们擅长的，只是那些浅显易做的。遮蔽风雨的是房屋，房屋构造精致极了；所穿的是衣服，衣服做得精美极了；填饱肚子的是饮食，食物和酒都精美极了。就茶而言，茶（要做精致）有九个难处：一是制造，二是鉴别，三是器具，四是用火，五是水质，六是炙烤，七是碾末，八是烹煮，九是品饮。阴天采摘，夜间焙制，则制造不当；凭口嚼辨味，鼻闻辨香，则鉴别不当；用沾染了膻腥气的锅碗，则器具不当；用有油烟的和沾染油腥气的柴炭，则燃料不当；用流动很急或停滞不流的水，则用水不当；烤得外熟内生，则炙烤不当；捣得太细，成了青绿色的粉末和青白色的茶灰，则碾末不当；操作不熟练，搅动太急，则烹煮不当；夏天才喝，而冬天不喝，则品饮不当。

珍贵鲜美馨香的茶，一则茶末只能煮出三碗。其次是五碗。假若喝茶的客人达到五人，就舀出三碗分饮；达到七人，就舀出五碗分饮；茶客在六人以下（实际即六人），不必管碗数，只要按缺少一人计算，把原先留出的“隽永”来补所缺的人就可以了。

煮饮之误

之赏

本篇主要阐述饮茶的意义和作用、饮茶风尚的沿革和饮茶的习俗。陆羽认为，饮茶有别于一般的喝水解渴，也没有酒的消愁之用，其主要作用在于消睡提神。从远古时代起，中国人就开始饮茶，到了唐代，饮茶之风已遍及千家万户。当时民间流行开水浸泡末茶，或把茶和葱、姜、薄荷等物一起煎煮，陆羽很反感这样的茶汤，他推崇用单纯的茶饼经过炙烤、碾末煮出来的茶汤，这个观点对后代文人饮茶风尚影响至深。当时，茶的制作和烹煮流程复杂，每一环节稍有不慎就会影响茶汤的品质。陆羽对制茶、煮茶工艺的要求看起来有点严苛，但严苛的背后是对茶俭约、纯净、朴素品性的尊敬。谈到具体的饮用方式，陆羽再次强调“茶性俭”的精神，一则茶末，只煮三碗才能鲜香可口，最多不能超过五碗，群饮时茶碗的数量一般要少于茶客的人数，这样的饮茶方式在当今的闽南地区还有传承。

在本篇，陆羽换了一种写法，先从大处落笔，连类而及饮茶，如论述饮茶的功效和茶汤品质的不易控制，文笔奇肆，节奏鲜明，错落整饬的文字间流淌着自由奔放的气息，有点怀素狂草的味道。

茶茗久服，令人有力，悦志。

七之事

三皇　炎帝神农氏。

周　鲁周公旦，齐相晏婴。

汉　仙人丹丘子，黄山君，司马文园令相如，扬执戟雄。

吴　归命侯，韦太傅弘嗣。

晋　惠帝，刘司空琨，琨兄子兖州刺史演，张黄门孟阳，傅司隶咸，江洗马统，孙参军楚，左记室太冲，陆吴兴纳，纳兄子会稽内史俶，谢冠军安石，郭弘农璞，桓扬州温，杜舍人育，武康小山寺释法瑶，沛国夏侯恺，余姚虞洪，北地傅巽，丹阳弘君举，乐安任育长，宣城秦精，敦煌单道开，剡县陈务妻，广陵老姥，河内山谦之。

三皇　炎帝神农氏。

周代　鲁国周公，名旦；齐国国相晏婴。

汉代　仙人，丹丘子，黄山君；孝文园令司马相如，执戟郎扬雄。

吴（三国）归命侯孙皓，太傅韦曜（字弘嗣）。

晋代　惠帝司马衷，司空刘琨，刘琨侄子兖州刺史刘演，黄门侍郎张载（字孟阳），司隶校尉傅咸，太子洗马江统，扶风参军孙楚，记室参军左思（字太冲），吴兴太守陆纳，陆纳侄子会稽内史陆俶，冠军将军谢安（字安石），弘农太守郭璞，扬州牧桓温，中书舍人杜育，武康小山寺释法瑶，沛国夏侯恺，余姚虞洪，北地傅巽，丹阳弘君举，乐安任育长，宣城秦精，敦煌单道开，剡县陈务妻，广陵老姥，河内山谦之。

后魏　琅琊王肃。

宋　新安王子鸾，鸾兄[1]豫章王子尚，鲍昭[2]妹令晖，八公山沙门昙济。

齐　世祖武帝。

梁　刘廷尉，陶先生弘景。

皇朝　徐英公勣。

1　鸾兄：子鸾为南朝宋孝武帝第八子，子尚为第二子，子尚为兄。《茶经》底本此处称子尚为“鸾弟”，有误。

2　鲍昭：即鲍照，唐人避武则天即武曌（zhào）讳，改“照”为“昭”。

后魏　琅琊王肃。

南朝宋　新安王刘子鸾，刘子鸾的哥哥豫章王刘子尚，鲍照的妹妹鲍令晖，八公山僧人昙济。

南朝齐　世祖武帝萧赜。

南朝梁　廷尉刘孝绰，贞白先生陶弘景。

本朝（唐）英国公徐勣。

《神农食经》："荼茗久服，令人有力，悦志。"

周公《尔雅》："槚，苦荼。"

《广雅》云："荆、巴间采叶作饼，叶老者，饼成，以米膏出之。欲煮茗饮，先炙令赤色，捣末置瓷器中，以汤浇覆之，用葱、姜、橘子芼[1]之。其饮醒酒，令人不眠。"

《晏子春秋》："婴相齐景公时，食脱粟之饭，炙三弋、五卵，茗菜[2]而已。"

---

1 芼（mào）：择取，引申为调配。

2 茗菜：有的版本作"苔菜"，苔菜是古时常吃的蔬菜，又名紫堇、蜀芹、楚葵。生活在公元前六世纪且在齐地的晏婴不太可能把茶与饭菜同时食用，故此处以为苔菜较确，陆羽把这则材料作为春秋时代饮茶的史料，并不适宜。

《神农食经》说：“长期饮茶，能够让人精力充沛，身心舒畅。”

周公《尔雅》说：“槚，就是苦茶。”

《广雅》说：“荆州、巴州一带，把茶树的鲜叶采下来做成茶饼，叶子老的，要加用米糊才能制成茶饼。想煮茶喝时，先烤茶饼，使它呈现红色，捣成碎末放置于瓷器中，冲进开水，盖好，或放些葱、姜、橘子调和着煎煮。喝了它可以醒酒，使人兴奋不能入睡。”

《晏子春秋》说：“晏婴做齐景公的国相时，吃糙米饭和烧烤的禽鸟及蛋品，还有茶和蔬菜。”

司马相如《凡将篇》[1]："乌喙、桔梗、芫华、款冬、贝母、木蘗、蒌、芩草、芍药、桂、漏芦、蜚廉、雚菌、荈诧、白敛、白芷、菖蒲、芒硝、莞椒、茱萸。"

《方言》："蜀西南人谓茶曰蔎。"

《吴志·韦曜传》："孙皓每飨宴，坐席无不率以七升为限，虽不尽入口，皆浇灌取尽。曜饮酒不过二升。皓初礼异，密赐茶荈以代酒。"

1　《凡将篇》：曾著录于《新唐书·艺文志·小说类》，一卷，今已失传。

司马相如《凡将篇》记载的药名：“乌喙、桔梗、芫华、款冬、贝母、木檗、蒌、芩草、芍药、桂、漏芦、蜚廉、雚菌、荈诧、白敛、白芷、菖蒲、芒硝、莞椒、茱萸。”

扬雄《方言》说：“四川西南部的人把茶叫作蔎。”

《吴志·韦曜传》说：“孙皓每次设宴，规定人人要饮酒七升，即使不全部喝下去，也都要斟上并执杯亮盏。韦曜饮酒不能超过二升。最初，孙皓很优待他，暗地里赏赐茶以代替酒。”

《晋中兴书》：“陆纳为吴兴太守时，卫将军谢安常欲诣纳。（《晋书》云：纳为吏部尚书。）纳兄子俶怪纳无所备，不敢问之，乃私蓄十数人馔。安既至，所设唯茶果而已。俶遂陈盛馔，珍羞毕具。及安去，纳杖俶四十，云：‘汝既不能光益叔父，奈何秽吾素业？’”

《晋书》：“桓温为扬州牧，性俭，每宴饮，唯下七奠[1]拌茶果而已。”

1 奠：标示盘碗的量词。

《晋中兴书》说：“陆纳做吴兴太守时，卫将军谢安常想拜访他。（《晋书》说：陆纳为吏部尚书。）陆纳的侄子陆俶奇怪他没做什么准备，但又不敢问他，便私自准备了十多个人的肴馔。谢安来了，陆纳仅仅摆出茶、果招待。于是陆俶摆上丰盛的肴馔，山珍海味，样样俱全。等到谢安走后，陆纳打了陆俶四十板子，说：‘你既已不能使你叔父增加光彩，为什么还要玷污我廉洁的名声呢？’”

《晋书》说：“桓温做扬州牧，性好节俭，每次宴请宾客，只设七个盘子的茶食、果馔罢了。”

《搜神记》：“夏侯恺因疾死。宗人字苟奴，察见鬼神，见恺来收马，并病其妻。著平上帻[1]，单衣，入坐生时西壁大床，就人觅茶饮。”

刘琨《与兄子南兖州刺史演书》云：“前得安州干姜一斤，桂一斤，黄芩一斤，皆所须也。吾体中愦闷，常仰真茶，汝可置之。”

傅咸《司隶教》曰：“闻南市有蜀妪作茶粥卖，为廉事[2]打破其器具，后又卖饼于市。而禁茶粥以困蜀姥，何哉？”

1　帻（zé）：古代的一种头巾。

2　廉事：当为某种官吏。

《搜神记》说："夏侯恺因病去世。族人的儿子苟奴，能看见鬼魂，他看见夏侯恺来取马匹，并使他的妻子也得了病。苟奴还看到夏侯恺戴着头巾，穿着单衣，进屋坐到生前常坐的靠西壁的大床上，向人要茶喝。"

刘琨《与兄子南兖州刺史演书》中说："前些时候收到安州干姜一斤、桂一斤、黄芩一斤，都是我需要的。我心烦意乱时，常靠喝真正的好茶来提神解闷，你可购买一些。"

傅咸《司隶教》说："听说南市有个四川老婆婆做茶粥卖，管理市场的官员把她的器皿打破了，后来她又在市上卖饼。为什么要为难这个老婆婆，禁止她卖茶粥呢？"

蜀姬卖茶粥图

《神异记》："余姚人虞洪入山采茗，遇一道士，牵三青牛，引洪至瀑布山曰：'予，丹丘子也，闻子善具饮，常思见惠。山中有大茗，可以相给，祈子他日有瓯牺之余，乞相遗也。'因立奠祀，后常令家人入山，获大茗焉。"

左思《娇女诗》[1]："吾家有娇女，皎皎颇白皙。小字为纨素，口齿自清历[2]。有姊字惠芳，眉目粲如画。驰骛[3]翔园林，果下皆生摘。贪华风雨中，倏忽[4]数百适。心为茶荈剧，吹嘘对鼎钘。[5]"

1 《娇女诗》：此诗为陆羽所录，与左思《娇女诗》原文有出入。

2 清历：清楚、伶俐。

3 驰骛：奔走，此处指小孩蹦蹦跳跳。

4 倏忽：顷刻，很快地。

5 心为茶荈剧，吹嘘对鼎钘：因为急于喝上好茶，于是对着锅炉吹气。

《神异记》说：“余姚人虞洪进山采茶，遇见一位道士，牵着三头青牛。他引虞洪到瀑布山，说：‘我是丹丘子，听说你善于煮茶，常想请你送些给我品尝。山中有大茶树，可以供你采摘，希望你日后把那喝不完的茶，送些给我喝。’于是虞洪以茶作为祭品来祭祀，后来常叫家人进山，果然寻到大茶树。”

左思《娇女诗》：“我家有个娇滴滴的小女儿，长得白白净净。小名叫纨素，口齿很伶俐。她的姐姐叫惠芳，眉目清秀，美丽如画。她们姊妹在园林里蹦跳追逐，果子还没熟就摘下来了。她们贪看美丽的花朵，能冒着风雨跑出跑进上百次。看见煮茶就特别兴奋，对着风炉不停地吹气（想早些喝上茶）。”

张孟阳《登成都楼》诗云：“借问扬子舍，想见长卿庐。程卓累千金，骄侈拟五侯。门有连骑客，翠带腰吴钩。鼎食随时进，百和妙且殊。披林采秋橘，临江钓春鱼。黑子过龙醢[1]，果馔逾蟹蝑[2]。芳茶冠六情[3]，溢味播九区。人生苟安乐，兹土聊可娱。”

傅巽《七诲》[4]：“蒲桃、宛柰、齐柿、燕栗、峘[5]阳黄梨、巫山朱橘、南中茶子、西极石蜜。”

1　龙醢（hǎi）：龙肉酱。古人认为其味道一定极鲜美。

2　蟹蝑（xiè）：蟹酱。

3　六情：吴觉农认为此处当为“六清”，即水、浆、醴、醇、医、酏等六种饮料，见《周礼·天官·膳夫》。

4　《七诲》：一部记述各地物产的著作。

5　峘：通“恒”。

张孟阳《登成都楼》一诗中说：“请问当年扬雄的住地在哪里？司马相如的故居又是哪般模样？昔日程、卓两大豪门，骄奢淫逸，可比王侯之家。他们的门前经常车水马龙，宾客不断，这些宾客腰间飘曳着绿色的缎带，佩挂名贵的宝刀。家中山珍海味，百味调和，精妙无双。秋天，人们在橘林中采摘着柑橘；春天，人们在江边把竿垂钓。黑子胜过龙肉酱，果馔的鲜美赛过蟹酱。四川的香茶在各种饮料中可称第一，它那美味在天下享有盛名。如果人生只是想寻求安乐舒适的生活，那成都这个地方还是可以供人们尽情享乐的。”

傅巽《七诲》说：“蒲地的桃子，古大宛国的苹果，齐地的柿子，燕地的板栗，恒阳的黄梨，巫山的红橘，南中的茶子，西极的石蜜。”

弘君举《食檄》[1]："寒温既毕，应下霜华之茗[2]。三爵而终，应下诸蔗、木瓜、元李、杨梅、五味、橄榄、悬豹[3]、葵羹各一杯。"

孙楚《歌》："茱萸出芳树颠，鲤鱼出洛水泉。白盐出河东，美豉出鲁渊。姜、桂、茶荈出巴蜀，椒、橘、木兰出高山。蓼苏出沟渠，精稗出中田。"

华佗《食论》："苦荼久食，益意思。"

---

1 《食檄》：是一部告诫人们要注意食物营养的论著，今已失传。

2 霜华之茗：浮着白沫的好茶。

3 悬豹：吴觉农以为此乃"悬瓠"之误。瓠，属于葫芦科植物。

弘君举《食檄》说：“客来寒暄之后，先请喝浮有白沫的好茶。喝完三杯，再呈上甘蔗、木瓜、元李、杨梅、五味、橄榄、悬瓠、葵所做的羹各一杯。”

孙楚《歌》说：“茱萸的果子结在芳香之树的顶端，鲤鱼产在洛水泉。白盐出在河东，美豉出于山东。姜、桂、茶产于四川一带，椒、橘、木兰长在高山上。蓼草和紫苏长在沟渠边，上等的精米长在田中。”

华佗《食论》说：“长期饮茶，能增益思维能力。”

壶居士《食忌》：“苦茶，久食羽化[1]；与韭同食，令人体重。”

郭璞《尔雅注》云：“树小似栀子，冬生，叶可煮羹饮。今呼早取为茶，晚取为茗，或一曰荈，蜀人名之苦茶（荼）。”

《世说》：“任瞻，字育长，少时有令名，自过江失志[2]。既下饮，问人云：‘此为茶？为茗？’觉人有怪色，乃自申明云：‘向问饮为热为冷耳。’”

1　羽化：身体轻盈，飘飘欲仙。

2　失志：神思恍惚。

壶居士《食忌》说："长期饮茶，使人飘飘欲仙；茶与韭菜同时吃，使人肢体沉重。"

郭璞《尔雅注》说："茶树矮小像栀子，冬季叶不凋零，所生叶子可煮作羹汤饮用。现在把早采的叫作'茶'，晚采的叫作'茗'，又有的叫作'荈'，蜀地的人称它为'苦茶（荼）'。"

《世说》记载："任瞻，字育长，青年时很有名望，过江之后，便神思恍惚。有一次到主人家做客，主人呈上茶，他问人说：'这是茶，还是茗？'当他发觉对方有奇怪不解的表情，便自己申明说：'刚才是问茶是热的，还是冷的。'"

《续搜神记》："晋武帝（时），宣城人秦精常入武昌山采茗。遇一毛人，长丈余，引精至山下，示以丛茗而去。俄而复还，乃探怀中橘以遗精。精怖，负茗而归。"

《晋四王起事》："惠帝蒙尘[1]，还洛阳，黄门以瓦盂盛茶上至尊。"

1　蒙尘：皇帝被迫离开宫廷或遭受险恶境况，此处指永宁元年（301），晋惠帝因赵王伦篡位而被幽禁于金墉城。

《续搜神记》说：“晋武帝时，宣城人秦精常进武昌山采茶。一次，秦精遇见一个毛人，这个毛人一丈多高，将秦精带到山下，把一丛丛茶树指给他看了才离开。过了一会儿又回来，从怀中掏出橘子送给秦精。秦精很害怕，便背了茶叶回家了。”

《晋四王起事》说：“惠帝逃难到外地，回到洛阳时，黄门用瓦碗盛了茶献给他喝。”

《异苑》："剡县陈务妻，少与二子寡居，好饮茶茗。以宅中有古冢，每饮，辄先祀之。二子患之曰：'古冢何知？徒以劳意。'欲掘去之。母苦禁而止。其夜梦一人云：'吾止此冢三百余年，卿二子恒欲见毁，赖相保护，又享吾佳茗，虽潜壤朽骨，岂忘翳桑之报[1]？'及晓，于庭中获钱十万，似久埋者，但贯新耳。母告二子，惭之，从是祷馈愈甚。"

1　翳（yì）桑之报：晋人赵盾在翳桑救了将要饿死的灵辄。后来灵辄当了晋灵公的甲士，在灵公派兵追杀赵盾的时候，毅然倒戈抵御灵公的兵士，救出了赵盾。

《异苑》说："剡县人陈务的妻子，年轻时带着两个儿子守寡，喜欢饮茶。因为住处有一古墓，所以每次饮茶总先奉祭一碗。两个儿子很讨厌她的做法，说：'古墓能知道什么？这么做还不是白花力气！'二人想把古墓掘走。母亲苦苦劝说，方才作罢。当夜，母亲梦见一人说：'我住在这墓里三百多年了，你的两个儿子总想毁掉它，幸亏有你保护，又拿好茶祭奠我，我虽然是深埋地下的枯骨，但怎么能忘恩不报呢？'天亮了，母亲在院子里见到了十万串钱，像是埋了很久的，只有穿钱的绳子是新的。母亲把这件事告诉儿子们，两个儿子都很惭愧，从此祭祷更加虔诚了。"

斗茶图

陈务妻
以茶祭古冢

《广陵耆老传》:“晋元帝时，有老姥每旦独提一器茗，往市鬻[1]之，市人竞买。自旦至夕，其器不减，所得钱散路傍孤贫乞人，人或异之。州法曹絷[2]之狱中。至夜，老姥执所鬻茗器，从狱牖[3]中飞出。”

《艺术传》:“敦煌人单道开，不畏寒暑，常服小石子。所服药有松、桂、蜜之气，所饮茶苏[4]而已。”

1　鬻（yù）：卖。
2　絷（zhí）：拘捕。
3　牖（yǒu）：窗户。
4　茶苏：加紫苏的茶。

《广陵耆老传》说:“晋元帝时，有一老妇人，每天一早，独自提着盛茶的器皿，到市上卖茶，市上的人争着买来喝。从早到晚，那器皿中的茶不减少，她把赚得的钱施舍给路旁的孤儿、穷人和乞丐。有人把她看作怪人，州里执法的官吏把她捆起来，关进监狱。到了夜晚，老妇人手提卖茶的器皿，从监狱窗口飞出去了。”

《艺术传》说:“敦煌人单道开，冬天不怕冷，夏天不怕热，经常服用小石子。所服的药有松、桂、蜜的香气，所喝的仅仅是紫苏茶。”

释道悦《续名僧传》：“宋释法瑶，姓杨氏，河东人。元嘉中过江，遇沈台真，请真君武康小山寺。年垂悬车（悬车，喻日入之候，指人垂老时也。《淮南子》曰“日至悲泉，爰息其马”，亦此意也）。饭所饮茶。永明[1]中，敕吴兴礼致上京，年七十九。”

宋《江氏家传》：“江统，字应元，迁愍怀太子洗马，常上疏，谏云：‘今西园卖醯[2]、面、蓝子、菜、茶之属，亏败国体。’”

1　永明：此处应为“大明”。永明为南朝齐武帝年号。

2　醯（xī）：醋。

释道悦《续名僧传》:“南朝宋时的和尚法瑶，本姓杨，河东人。永嘉年间来到江南，遇见了沈台真，把他请到武康的小山寺。法瑶已年老（悬车，比喻日落的时候，指人到暮年。《淮南子》说‘日至悲泉，爰息其马’，也是这个意思）。吃饭时饮些茶。到了南朝宋大明年间，孝武帝曾传旨吴兴的地方官礼请法瑶进京，那时法瑶已经七十九岁了。”

南朝宋《江氏家传》说:“江统，字应元，升任愍怀太子洗马，经常上疏。曾经规劝说:‘现在西园出卖醋、面、蓝子、菜、茶叶等东西，有损国家体面。’”

《宋录》："新安王子鸾、豫章王子尚诣昙济道人于八公山，道人设茶茗。子尚味之曰：'此甘露也，何言茶茗？'"

王微《杂诗》："寂寂掩高阁，寥寥空广厦。待君竟不归，收领今就槚。"

鲍昭（照）妹令晖著《香茗赋》。

南齐世祖武皇帝遗诏："我灵座上慎勿以牲为祭，但设饼果、茶饮、干饭、酒脯而已。"

《宋录》说："南朝宋的新安王刘子鸾和豫章王刘子尚，同往八公山拜访昙济道人，道人设茶招待他们。子尚尝了尝说：'这是甘露啊，怎么说是茶呢？'"

王微《杂诗》："静悄悄关上高阁门，冷清清房屋空荡荡。等您啊，您竟迟迟不回来；失望啊，且去饮茶解愁怀。"

鲍照的妹妹鲍令晖写了篇《香茗赋》。

南齐世祖武皇帝的遗诏称："我的灵座上千万不要用牲畜作为祭品，只需供上糕饼、水果、茶、饭、酒和肉干就可以了。"

梁刘孝绰《谢晋安王饷米等启》："传诏李孟孙宣教旨，垂赐米、酒、瓜、笋、菹、脯、酢、茗八种。气苾[1]新城，味芳云松。江潭抽节，迈昌荇之珍；疆埸擢翘[2]，越葺精之美。羞非纯束野麏[3]，裛[4]似雪之驴。鲊异陶瓶河鲤，操如琼之粲。茗同食粲，酢类望柑。免千里宿舂，省三月粮聚。小人怀惠，大懿难忘。"

陶弘景《杂录》："苦茶轻身换骨，昔丹丘子、黄山君服之。"

1 苾（bì）：芳香。

2 疆埸（yì）擢翘：疆埸，田间的界限，大界为疆，小界为埸。擢，拔，这里指摘取。翘，翘楚，出众的事物。

3 麏（jūn）：同"麇"，古书上指獐子。

4 裛（yì）：缠裹。

南朝梁刘孝绰《谢晋安王饷米等启》说：“传诏李孟孙传达了您的旨意，承蒙您赏赐我米、酒、瓜、笋、菹（腌菜）、脯（肉干）、酢（醋）、茗等八种食品。米气味馨香，像新城米一样；酒的香味犹如松树直冲云霄。水边初生的竹笋，胜过菖荇之类的珍馐；田头摘来的瓜，加倍的美味。白茅束捆的野鹿虽好，哪及您惠赐的肉脯？腌鱼比陶瓶装的河鲤更加美味，大米如玉粒般晶莹。茶像精米一样好，醋就像柑橘一样（让人一望，口舌间就能感到酸味）。有了这些东西，即使我出门远行，也用不着再筹措干粮。我记着您给我的恩惠，您的大德我是不会忘记的。”

陶弘景《杂录》说：“苦茶能使人轻身换骨，从前丹丘子、黄山君就常饮用它。”

《后魏录》："琅琊王肃，仕南朝，好茗饮、莼羹。及还北地，又好羊肉、酪浆。人或问之：'茗何如酪？'肃曰：'茗不堪与酪为奴。'"

《桐君录》[1]："西阳、武昌、庐江、晋陵好茗，皆东人作清茗[2]。茗有饽，饮之宜人。凡可饮之物，皆多取其叶，天门冬、拔揳[3]取根，皆益人。又巴东别有真茗茶，煎饮令人不眠。俗中多煮檀叶并大皂李作茶，并冷。又南方有瓜芦木，亦似茗，至苦涩，取为屑茶饮，亦可通夜不眠。煮盐人但资此饮，而交、广最重，客来先设，乃加以香芼辈。"

---

1 《桐君录》：作者不详。据传，桐君是黄帝时的医师，曾采药于浙江桐庐桐君山。

2 清茗：不加葱、姜等佐料的清茶。

3 拔揳：即菝葜，多年生草本植物，属百合科，根茎可入药。

《后魏录》:“琅琊人王肃在南朝做官，喜欢喝茶，吃莼菜羹。后来回到北方，又喜欢吃羊肉、喝酪浆。有人问他:‘茶比酪浆如何?’王肃回答说:‘茶连给酪浆做奴仆的资格都够不上。’”

《桐君录》:“西阳、武昌、庐江、晋陵等地的人喜欢饮茶，客来，主人都用清茶招待。茶的汤花浮沫，喝了对人有好处。凡是可饮用的植物，大都是用它的叶子，而天门冬、菝葜却是用其根，也对人有好处。此外，巴东另有一种真正的好茶，煎饮后使人兴奋，没有瞌睡。当地人习惯把檀叶和大皂李叶煮后作茶，两者都是寒性的。另外，南方有瓜芦木，也像茶，很苦很涩，捣成碎末后煮饮，也可使人整夜不眠。煮盐的人全靠喝这个，交州和广州很重视喝它，客人来了，先用它来招待，一般都要加一些香料调制。”

《坤元录》："辰州[1]溆浦县西北三百五十里无射山，云蛮俗当吉庆之时，亲族集会歌舞于山上，山多茶树。"

《括地图》："临遂[2]县东一百四十里有茶溪。"

山谦之《吴兴记》："乌程[3]县西二十里，有温山，出御荈。"

《夷陵图经》："黄牛、荆门、女观、望州[4]等山，茶茗出焉。"

《永嘉[5]图经》："永嘉县东三百里有白茶山。"

---

1 辰州：唐时属江南道，今属湖南怀化。

2 临遂：查中国历代无这一县名，沈冬梅校注本《茶经》以为此处应为"临蒸"。临蒸，今属湖南衡阳。

3 乌程：今属浙江湖州。

4 黄牛、荆门、女观、望州：皆山名，均位于今湖北宜昌一带。

5 永嘉：今属浙江温州。

《坤元录》："辰州溆浦县西北三百五十里，有无射山，据称：土人风俗，遇到吉庆的时候，亲族聚会，在山上歌舞。山上多茶树。"

《括地图》："在临遂（蒸）县以东一百四十里，有茶溪。"

山谦之《吴兴记》："乌程县西二十里有温山，出产进贡皇上的茶。"

《夷陵图经》："黄牛、荆门、女观、望州这些山上，都产茶。"

《永嘉图经》："永嘉县以东三百里，有白茶山。"

《淮阴[1]图经》："山阳县南二十里有茶坡。"

《茶陵[2]图经》云："茶陵者，所谓陵谷生茶茗焉。"

《本草·木部》[3]："茗，苦荼，味甘苦，微寒，无毒。主瘘疮，利小便，去痰渴热，令人少睡。秋采之苦，主下气消食。"注云："春采之。"

---

1 淮阴：淮阴郡，今江苏淮安一带。

2 茶陵：县名，今为湖南茶陵县。

3 《本草·木部》：是唐高宗显庆四年（659）颁布的由徐勣、苏敬等修订的《新修本草》中的一篇。《新修本草》又称《唐本草》，是中国第一部由国家颁行的药典。

《淮阴图经》:“山阳县以南二十里，有茶坡。”

《茶陵图经》说:“茶陵，就是陵谷中生长茶的意思。”

《本草·木部》:“茗，又叫苦茶，滋味苦中带甜，略有寒性，没有毒。主治瘘疮，利尿，去痰，解渴散热，使人少睡。秋天采摘有苦味，能下气，助消化。”原注说:“春天采摘它。”

《本草·菜部》：“苦菜，一名荼，一名选，一名游冬，生益州川谷山陵道傍，凌冬不死。三月三日采，干。”注云：“疑此即是今茶，一名荼，令人不眠。”《本草注》：“按《诗》云‘谁谓荼苦’，又云‘堇荼如饴’，皆苦菜也。陶谓之苦茶，木类，非菜流。茗，春采，谓之苦樣（途遐反）。”

《枕中方》：“疗积年瘘，苦茶、蜈蚣并炙，令香熟，等分，捣筛，煮甘草汤洗，以末傅之。”

《孺子方》：“疗小儿无故惊厥[1]，以苦茶、葱须煮服之。”

1　惊厥（jué）：小孩手足痉挛。

《本草·菜部》:“苦菜，又叫荼，又叫选，还叫游冬，生长在四川西部的河谷、山陵和路旁，即使在寒冬也冻不死。三月三日采制，焙干。”原注说:“这或许就是如今所说的茶，又叫荼，喝了使人不能入睡。”《本草注》:“按《诗经》说‘谁谓荼苦’，又说‘堇荼如饴’，荼指的都是苦菜。陶弘景所称之苦荼，是木本植物，不是菜类。茗，春季采摘，叫苦搽（途遐反）。”

《枕中方》:“治疗多年的瘘疾，把茶和蜈蚣一同放在火上烤炙，等发出香气，分成相等的两份，捣碎筛末，一份加甘草煮水洗，一份外敷。”

《孺子方》:“治疗小孩原因不明的惊厥，用苦茶和葱须煎煮服用。”

之赏

本篇为唐前饮茶资料的汇编，也可以说是一部小型的唐前茶史。这些资料主要从唐代流行的类书《修文殿御览》和陆羽参与编纂的大型韵书《韵海镜源》中撮抄，不少资料与它们的原始面貌有较大差异。本篇的资料见于秦汉以来的史书、医书、字书、诗文集、小说等，是《茶经》中篇幅最长的一篇。后人研究唐前茶史，多以本篇资料为立论依据。

中国人的饮茶，起源于对茶的药用功效的认知，在相当长的一段时间里，茶在中国人的日常生活中，既是药物，又是食物。魏晋南北朝时期，中国的饮茶风俗开始形成，当时人所饮茶汤是把茶饼炙烤、舂细，再与葱、姜、橘皮等一起用沸水浸泡，有点像中药的复方汤剂或食物中的羹汤。这样的饮茶方式在中国民间一直到宋代仍然很流行，体现了药食同源的原则。这种粗放实用型的饮茶风俗所包含的艺术美感因素较少，也缺乏自觉的精神追求。

从本篇所列举的人和事来看，以晋代数量最多，此时饮茶逐渐成为风尚，以饮茶为中心的茶宴与酒宴在形式和精神上朝相反的方向发展。一般说来，饮酒和酒宴

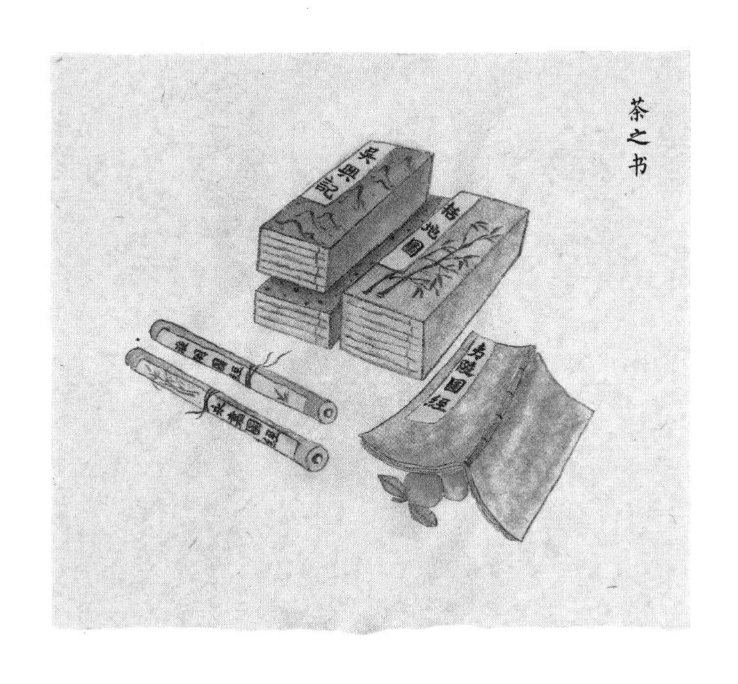

体现食物的奢靡、感官的享乐和欲望的放纵，而饮茶和茶宴则表达理性、克制、俭约的精神追求。陆羽深研唐前茶史，对以杜育《荈赋》为代表的晋代茶文化精神有深刻的领会，这些核心理念在他的茶艺和茶道中得到继承和深化。茶成为单纯的嗜好饮品，饮茶活动包含丰富的艺术品赏元素并指向高远的精神世界，茶成为成熟的文化，端赖茶圣陆羽。

其思、播、费、夷、鄂、袁、吉、福、建、韶、象十一州未详，往往得之，其味极佳。

八之出

山南[1]，以峡州上（峡州，生远安、宜都、夷陵三县山谷），襄州、荆州次（襄州，生南郸县山谷；荆州，生江陵县山谷），衡州下（生衡山、茶陵二县山谷），金州、梁州又下（金州，生西城、安康二县山谷；梁州，生褒城、金牛二县山谷）。

淮南[2]，以光州上（生光山县黄头港者，与峡州同），义阳郡、舒州次（生义阳县钟山者，与襄州同；舒州，生太湖县潜山者，与荆州同），寿州下（盛唐县生霍山者，与衡山同也），蕲州、黄州又下（蕲州，生黄梅县山谷；黄州，生麻城县山谷，并与金州、梁州同也）。

1　山南：唐道名。因在终南、太华二山之南，故名。辖境相当于今四川东部、陕西东南部、河南南部及重庆、湖北大部分地区。

2　淮南：唐道名，其辖境相当于今淮河以南，长江以北，东至海，西至湖北应山、汉阳一带，此外还辖有河南的东南部地区。

山南（茶区）：茶以峡州产的品质为最好（峡州的茶，产于远安、宜都、夷陵三县的山谷），襄州、荆州产的品质次之（襄州的茶，产于南漳县的山谷；荆州的茶，产于江陵县的山谷），衡州产的差些（衡州的茶，产于衡山、茶陵二县的山谷），金州、梁州的品质更差（金州的茶，产于西城、安康二县的山谷；梁州的茶，产于褒城、金牛二县的山谷）。

淮南（茶区）：茶以光州产的品质为最好（光州的茶，产于光山县黄头港的，与峡州的相同），义阳郡、舒州产的品质次之（义阳郡的茶，产于义阳县钟山的，与襄州的相同；舒州的茶，产于太湖县潜山的，与荆州的相同），寿州产的品质差（寿州的茶，产于盛唐县霍山的，与衡山县的相同），蕲州、黄州产的品质更差（蕲州产于黄梅县山谷的茶，黄州产于麻城县山谷的茶，与金州、梁州的相同）。

浙西[1]，以湖州上（湖州，生长城县顾渚山谷，与峡州、光州同；生山桑、儒师二坞，白茅山、悬脚岭，与襄州、荆州、义阳郡同；生凤亭山伏翼阁，飞云、曲水二寺，啄木岭，与寿州、常州同；生安吉、武康二县山谷，与金州、梁州同），常州次（常州，义兴县生君山悬脚岭北峰下，与荆州、义阳郡同；生圈岭善权寺、石亭山，与舒州同），宣州、杭州、睦州、歙州下（宣州生宣城县雅山，与蕲州同；太平县生上睦、临睦，与黄州同；杭州，临安、於潜二县生天目山，与舒州同；钱塘生天竺、灵隐二寺；睦州，生桐庐县山谷；歙州，生婺源山谷，与衡州同），润州、苏州又下（润州，江宁县生傲山；苏州，长洲县生洞庭山，与金州、蕲州、梁州同）。

1　浙西：即唐代的浙江西道，其辖境相当于今江苏长江以南、茅山以东及浙江新安江以北地区。

浙西（茶区）：茶以湖州产的品质为最好（湖州的茶，产于长城县顾渚山谷的，与峡州、光州的相同；产于山桑、儒师两处山坞和白茅山、悬脚岭的，与襄州、荆州、义阳郡的相同；产于凤亭山伏翼阁，飞云、曲水二寺和啄木岭的，与寿州、常州的相同；产于安吉、武康二县山谷的，与金州、梁州的相同），常州产的品质次之（常州的茶，产于义兴县君山悬脚岭北峰下的，与产在荆州、义阳郡的相同；产于圈岭善权寺、石亭山的，与舒州的相同），宣州、杭州、睦州、歙州产的品质差（宣州的茶，产于宣城县雅山的，与蕲州的相同；产于太平县上睦、临睦的，与黄州的相同。杭州的茶，产于临安、於潜二县天目山的，与舒州的相同。杭州产于钱塘县天竺、灵隐二寺的茶，睦州产于桐庐县山谷的茶，歙州产于婺源县山谷的茶，都与衡州的相同），润州、苏州产的品质更差（润州产于江宁县傲山的茶，苏州产于长洲县洞庭山的茶，都与金州、蕲州、梁州的相同）。

茶之出

浙东
黔中
岭南
江南

剑南[1]，以彭州上（生九陇县马鞍山至德寺、棚口，与襄州同），绵州、蜀州次（绵州，龙安县生松岭关，与荆州同；其西昌、昌明、神泉县西山者并佳；有过松岭者，不堪采。蜀州，青城县生丈人山，与绵州同。青城县有散茶、木茶[2]），邛州次，雅州、泸州下（雅州，百丈山、名山；泸州，泸川者，与金州同也），眉州、汉州又下（眉州，丹棱县生铁山者；汉州，绵竹县生竹山者，与润州同）。

1 剑南：唐道名，其辖境相当于今四川省大部及云南省北部一带。

2 木茶：此处“木茶”应为“末茶”。据《茶经·六之饮》：“饮有粗茶、散茶、末茶、饼茶者。”

剑南（茶区）：茶以彭州产的品质为最好（彭州的茶，产于九陇县马鞍山至德寺和棚口的，与襄州的相同），绵州、蜀州产的品质次之（绵州的茶，产于龙安县松岭关的，与荆州的相同；产于绵州所辖的西昌县、昌明县和神泉县西山的茶都很好；过了松岭的就不值得采摘了。蜀州的茶，产于青城县丈人山的，与绵州的相同。青城县的茶有散茶、末茶两种），邛州产的茶品质次之，雅州、泸州的品质差（雅州产于百丈山、名山的茶，泸州产于泸川的茶，都与金州的相同），眉州、汉州的品质更差（眉州产于丹棱县铁山的茶，汉州产于绵竹县竹山的茶，都与润州的相同）。

浙东[1]，以越州上（余姚县生瀑布泉岭，曰仙茗，大者殊异，小者与襄州同），明州、婺州次（明州鄮县生榆筴村；婺州，东阳县东白山，与荆州同），台州下（台州始丰县生赤城者，与歙州同）。

黔中[2]，生思州、播州、费州、夷州。

江南[3]，生鄂州、袁州、吉州。

岭南[4]，生福州、建州、韶州、象州。（福州，生闽县方山之阴也。）

其思、播、费、夷、鄂、袁、吉、福、建、韶、象十一州未详，往往得之，其味极佳。

1　浙东：唐代的浙江东道，其辖境相当于今浙江衢江流域、浦阳江流域以东地区。

2　黔中：唐道名，其辖境相当于今重庆西南部、湖北西南部、湖南西部、贵州西北部一带。

3　江南：唐道名，其辖境相当于今浙江、福建、江西、湖南等省，江苏、安徽的长江以南地区，以及湖北、重庆长江以南一部分和贵州东北部地区。开元时又分为江南东道和江南西道，此处的鄂州、袁州、吉州属于江南西道。

4　岭南：唐道名，其辖境相当于今广东、广西大部和越南北部地区。此处福州和建州在唐代早期属于岭南道，天宝初年改属江南东道。

浙东（茶区）：茶以越州产的品质为最好（越州的茶，产于余姚县瀑布泉岭的，叫作仙茗，大叶的特别好，小叶的与襄州的相同），明州、婺州产的品质次之（明州产于鄮县榆筴村的茶，婺州产于东阳县东白山的茶，都与荆州的相同），台州产的品质差（台州的茶，产于始丰县赤城山的，与歙州的相同）。

黔中（茶区）：产地是思州、播州、费州、夷州。

江南（茶区）：产地是鄂州、袁州、吉州。

岭南（茶区）：产地是福州、建州、韶州、象州。（福州的茶，产于闽县方山的北坡。）

对于思、播、费、夷、鄂、袁、吉、福、建、韶、象这十一州所产茶的品质，还不大清楚，有时得到一些，味道都非常好。

茶之出（淮南）
光州
义阳郡
舒州
寿州
蕲州
黄州
淮南

茶之出（浙东）
浙东
台州
婺州
明州
越州

之赏

本篇对唐代产茶区的分布情况做了介绍，涉及8个道、四十多个州郡和县，有的还细化到某村、某山、某寺。既罗列产茶之地，又对其地所产之茶的品质级别进行划分，是用文字勾勒的一张唐代茶区分布图。本篇的地名存在行政级别不同而平行并列的情形，又有如把浙西、浙东割裂开来等情况，使读者读起来有混乱之感。从总体来看，本篇所列茶区遍及当今湖北、湖南、陕西、河南、安徽、浙江、江苏、四川、贵州、江西、福建、广东、广西等13个省（自治区），除云南省外，基本涵盖中国主要产茶区。伴随着饮茶风尚的普及，唐代的茶叶产区已相当广大。

中国最早形成饮茶风尚的地区是位于西南的巴蜀地区，汉代之后，巴蜀文化传入中原地区，饮茶习俗也不断向中原地区延伸。由于蜀地地形险峻，与内地交通困难，茶树的栽培也逐渐由长江上游扩散到长江中下游。中唐时期，江南地区的湖州和常州成为朝廷贡茶的产地，巴蜀茶的优势已经不太明显了。在广袤的中国南方，名茶不断涌现，每个时代都有独领风骚的茶品，如唐代的顾渚紫笋、宋代的北苑茶、明代的岕茶、清代的武夷茶等，茶区分布既是自然地理，也是文化地理，它与一个时代的文化心理、审美风尚都有密切的关系。

但城邑之中，王公之门，
二十四器阙一，则茶废矣！

九之略

其造具，若方春禁火[1]之时，于野寺山园，丛手而掇，乃蒸，乃舂，乃复，以火干之，则又棨、朴、焙、贯、棚、穿、育等七事皆废。

其煮器，若松间石上可坐，则具列废。用槁薪、鼎钘之属，则风炉、灰承、炭楇、火筴、交床等废。若瞰泉临涧[2]，则水方、涤方、漉水囊废。若五人已下，茶可末而精者，则罗合废。若援藟跻岩[3]，引絙[4]入洞，于山口炙而末之，或纸包合贮，则碾、拂末等废。既瓢、碗、筴、札、熟盂、鹾簋悉以一筥盛之，则都篮废。

但城邑之中，王公之门，二十四器阙一，则茶废矣！

1　禁火：清明节前一或两日为寒食节，禁火食寒，又称禁火日。

2　瞰（kàn）泉临涧：高据于溪涧之上。

3　援藟（lěi）跻（jī）岩：攀缘着藤蔓登上山岩。

4　絙（gēng）：粗绳索。

关于制造饼茶的工具，如果正当春季寒食前后，在野外寺院或山林茶园，大家一齐动手采摘，立即蒸熟，捣碎，用火烘烤干燥，那么，棨（锥刀）、朴（竹鞭）、焙（焙坑）、贯（细竹条）、棚（置焙坑上的棚架）、穿（细绳索）、育（贮藏工具）等七种工具以及相关的制茶工序都可以不用了。

关于煮茶用具，如果在松间，有石可放置茶具，那么具列（陈列床或陈列架）可以不要。如果用干柴鼎锅之类烧水，那么，风炉、灰承、炭檛、火筴、交床等都可不用。若是在泉水溪涧之旁，则水方、涤方、漉水囊也可以不要。如果是五人以下出游，茶又可碾成精细的末，就不必用罗合了。倘若要攀藤附葛，登上险岩，或拉着粗大绳索进入山洞，便先在山口把茶烤好捣细，或用纸包，或用盒装，那么，碾、拂末等也可以不用。这样，只要把瓢、碗、筴、札、熟盂、鹾簋都盛放在一只筥里，都篮也可以省去。

但是，在城市之中，贵族之家，如果二十四种器具中缺少一样，那就废弃了饮茶。

茶具图

之赏

在本篇中，陆羽提出了两种截然不同的饮茶之境。一种是针对“城邑之中，王公之门”，提出“二十四器阙一，则茶废矣”，要严格遵循制茶、煮饮之法。而另一种，是针对野外山林，如松间石上、泉水或溪涧旁边、山岩上的山洞内，则前列采制、煮饮之器，多可省去。

这一篇，可以说是陆羽茶学思想的集中体现。一方面，陆羽以“经”名茶，全书也处处体现着陆羽儒家经世致用的思想，二十四器不可废一，就是这种礼制、规范的体现；另一方面，浪迹江湖的人生经历、与僧道的交游、中唐的时代风气，这些又让陆羽颇有一颗追求隐逸的自由之心，反映在茶道方面，即追求极简、自然，不拘泥于程式。

于陆羽个人内心而言，从制茶到煮茶，他其实特别推崇野外、自然、朴素的环境，这样的趣味符合隐士、山人的精神气质。但在茶道初兴的时候，强调严格的制作、品饮规范，无疑能将茶道抬到一个比较高的地位，也更利于在“王公之门”进行推广。

总而言之，《茶之略》一篇可以说从最隐秘之处反映了茶圣陆羽内心真实的想法——做个林栖谷隐者，拾薪、掬水，即可为茶。

值得一提的是，此篇对后世文人的影响至深。以至于后代以煮茶为题材的绘画作品，画面的背景多为松间石上，溪涧之旁，而甚少选择高门宅院。

以绢素或四幅或六幅，分布写之，陈诸座隅。

十之图

以绢素或四幅或六幅，分布写之，陈诸座隅，则茶之源、之具、之造、之器、之煮、之饮、之事、之出、之略，目击而存，于是《茶经》之始终备焉。

用白绢四幅或六幅，把上述内容写出来，挂在座位旁边。这样，茶的起源、采制工具、制茶方法、煮茶方法、饮茶方法、相关记载、产地以及茶具的省略方式等，就可一望而知，《茶经》从头至尾的内容也就完备了。

茶之源 茶之具
茶之造 茶之器 茶之煮
茶之饮 茶之事

茶之图
茶之出
茶之略

之赏

本篇，陆羽倡导人们把《茶经》内容写于素绢上，张挂于四壁，这样一来，主人和《茶经》就可以朝夕晤对。《茶经》全文有7000多字，有的篇章带有技术指导性质，主人在煮茶和饮茶时，随时可以看到《茶经》的内容以便操作。陆羽的这个主张既体现了他用心细致，在细节处为煮茶人考虑，也可看出他对《茶经》期许之高，在他的心里，《茶经》是一部经典，完全有资格悬挂于茶室的四壁。古人是否如此悬挂《茶经》已不得而知，但当下的茶室设计可以借鉴陆羽的思路。敬畏经典，是爱茶人应有的态度。

附录

陆文学自传

陆子，名羽，字鸿渐，不知何许人也。或云字羽，名鸿渐，未知孰是。有仲宣、孟阳之貌陋，而有相如、子云之口吃，而为人才辩，为性褊躁，多自用意，朋友规谏，豁然不惑。凡与人宴处，意有所适，不言而去。人或疑之，谓生多嗔。又与人为信，纵冰雪千里，虎狼当道，而不愆也。

上元初，结庐于苕溪之湄，闭关读书，不杂非类，名僧高士，谈宴永日。常扁舟往来山寺，随身唯纱巾、藤鞋、短褐、犊鼻。往往独行野中，诵佛经，吟古诗，杖击林木，手弄流水，夷犹徘徊，自曙达暮，至日黑兴尽，号泣而归。故楚人相谓，陆子盖今之接舆也。

始三岁，茕露，育于景陵大师积公之禅。自九岁学属文，积公示以佛书出世之业，子答曰："终鲜兄弟，无复后嗣，染衣削发，号为释氏，使儒者闻之，得称为孝乎？羽将授孔圣之文。”公曰：“善哉！子为孝，殊不知西方染削之道，其名大矣。”

公执释典不屈，子执儒典不屈。公因矫怜抚爱，历试贱务，扫寺地，洁僧厕，践泥圬墙，负瓦施屋，牧牛一百二十蹄。

竟陵西湖无纸，学书以竹画牛背为字。他日，问字于学者，得张衡《南都赋》，不识其字，但于牧所仿青衿小儿，危坐展卷，口动而已。

公知之，恐渐渍外典，去道日旷，又束于寺中，令芟翦卉莽，以门人之伯主焉。或时心记文字，懵然若有所遗，灰心木立，过日不作，主者以为慵惰，鞭之。因叹云：“恐岁月往矣，不知其书。”呜咽不自胜。主者以为蓄怒，又鞭其背，折其楚，乃释。

因倦所役，舍主者而去。卷衣诣伶党，著《谑谈》三篇，以身为伶正，弄木人、假吏、藏珠之戏。公追之曰：“念尔道丧，惜哉！吾本师有言：我弟子十二时中，许一时外学，令降伏外道也。以吾门人众多，今从尔所欲，可捐乐工书。”

天宝中，郢人酺于沧浪，邑吏召子为伶正之师。时河南尹李公齐物黜守，见异，捉手拊背，亲授诗集，于是汉沔之俗亦异焉。后负书于火门山邹夫子别墅。属礼部郎中崔公国辅出守竟陵，因与之游处。凡三年，赠白驴、乌犎牛一头，文槐书函一枚："白驴、犎牛，襄阳太守李憕见遗；文槐函，故卢黄门侍郎所与。此物皆己之所惜也。宜野人乘蓄，故特以相赠。"

洎至德初，秦人过江，子亦过江，与吴兴释皎然为缁素忘年之交。少好属文，多所讽谕。见人为善，若己有之；见人不善，若己羞之。忠言逆耳，无所回避，由是俗人多忌之。

自禄山乱中原，为《四悲诗》，刘展窥江淮，作《天之未明赋》，皆见感激，当时行哭涕泗。著《君臣契》三卷，《源解》三十卷，《江表四姓谱》八卷，《南北人物志》十卷，《吴兴历官记》三卷，《湖州刺史记》一卷，《茶经》三卷，《占梦》上、中、下三卷，并贮于褐布囊。

上元年辛丑岁子阳秋二十有九日

新唐书·陆羽传

陆羽字鸿渐，一名疾，字季疵，复州竟陵人。不知所生，或言有僧得诸水滨，畜之。既长，以《易》自筮，得《蹇》之《渐》，曰："鸿渐于陆，其羽可用为仪。"乃以陆为氏，名而字之。

幼时，其师教以旁行书，答曰："终鲜兄弟，而绝后嗣，得为孝乎？"师怒，使执粪除圬塓以苦之，又使牧牛三十，羽潜以竹画牛背为字。得张衡《南都赋》，不能读，危坐效群儿嗫嚅若成诵状，师拘之，令薙草莽。当其记文字，懵懵若有遗，过日不作，主者鞭苦，因叹曰："岁月往矣，奈何不知书！"呜咽不自胜，因亡去，匿为优人，作诙谐数千言。

天宝中，州人酺，吏署羽伶师，太守李齐物见，异之，授以书，遂庐火门山。貌倪陋，口吃而辩。闻人善，若在己，见有过者，规切至忤人。朋友燕处，意有所行辄去，人疑其多嗔。与人期，雨雪虎狼不避也。上元初，更隐苕溪，自称桑苎翁，阖门著书。或独行野中，诵诗击木，裴回不得意，或恸哭而归，故时谓今接舆也。久之，诏拜羽太子文学，徙太常寺太祝，不就职。贞元末，卒。

羽嗜茶，著经三篇，言茶之源、之法、之具尤备，天下益知饮茶矣。时鬻茶者，至陶羽形置炀突间，祀为茶神。有常伯熊者，因羽论复广著茶之功。御史大夫李季卿宣慰江南，次临淮，知伯熊善煮茶，召之，伯熊执器前，季卿为再举杯。至江南，又有荐羽者，召之，羽衣野服，挈具而入，季卿不为礼，羽愧之，更著《毁茶论》。其后尚茶成风，时回纥入朝，始驱马市茶。

四库全书·茶经提要

臣等谨按:《茶经》三卷,唐陆羽撰,《唐书》羽本传称羽著《茶经》三篇,不言卷数。《艺文志》载之小说家作,三卷,与今本同传,盖以一卷为一篇也。陈师道《后山集》有《茶经序》,曰:“陆羽《茶经》,家传一卷,毕氏、王氏书三卷,张氏书四卷,内外书十有一卷。其文繁简不同,王、毕氏书繁杂,意其旧本;张氏书简明,与家书合,而多脱误;家书近古,可考正,曰七之事以下,其文乃合三书以成之,录为二篇,藏于家。”此本三卷,其王氏、毕氏之书欤?抑《后山集》传写多讹,误三篇为二篇也?其书分十类,曰一之源、二之具、三之造、四之器、五之煮、六之饮、七之事、八之出、九之略、十之图。其曰具者,皆采制之用,其曰器者,皆煎饮之用,故二者异部。其曰图者,乃谓统上九类,写以绢素,张之非别有图。其类十，其文实九也。言茶者莫精于羽，其文亦朴雅有古意。七之事所引多古书，如司马相如《凡将篇》一条三十八字，为他书所无，亦旁资考辨之一端矣。

（正文完）

陆羽

字鸿渐，唐代著名茶学家。一生嗜茶，精于茶道，以《茶经》闻名于世，被誉为“茶仙”、尊为“茶圣”、祀为“茶神”。

张则桐

茶文化学者，南京师范大学古代文学博士，闽南师范大学教授。研究古代茶文化与文学多年，在《文史知识》等刊物发表茶文化论文多篇。

厚闲

知名国画博主，最爱丰子恺市井小画，自习水墨，一直认为，能忙世人之所闲者，方能闲世人之所忙。插画代表作：汪曾祺《活着多好呀》、朱光潜《美在从容生活间》、迟子建《没有夏天了》等书封面及内文插画。

茶经

作者 _ [唐] 陆羽　注解 _ 张则桐　绘 _ 厚闲

产品经理 _ 施萍　装帧设计 _ 董歆昱　内文制作 _ 吴偲靓　产品总监 _ 贺彦军
技术编辑 _ 顾逸飞　责任印制 _ 刘淼　出品人 _ 吴畏

营销团队 _ 王维思

果麦
www.guomai.cn

以 微 小 的 力 量 推 动 文 明

图书在版编目（CIP）数据

茶经 /（唐）陆羽著；张则桐注解；厚闲绘. —西安：三秦出版社，2020.6（2025.2重印）

ISBN 978-7-5518-2166-7

Ⅰ. ①茶… Ⅱ. ①陆… ②张… ③厚… Ⅲ. ①茶文化－中国－古代 ②《茶经》－注释 ③《茶经》－译文 Ⅳ. ①TS971.21

中国版本图书馆CIP数据核字（2020）第055283号

茶经

［唐］陆羽 著　张则桐 注解　厚闲 绘

出版发行　三秦出版社
社　　址　西安市雁塔区曲江新区登高路 1388 号
电　　话　（029）81205236
邮政编码　710061
印　　刷　北京盛通印刷股份有限公司
开　　本　840mm×1092mm　1/32
印　　张　6.5
字　　数　109 千字
版　　次　2020 年 6 月第 1 版
印　　次　2025 年 2 月第 9 次印刷
印　　数　35 501—40 500
标准书号　ISBN 978-7-5518-2166-7
定　　价　49.80 元

网　　址　http://www.sqcbs.cn

如发现印装质量问题，影响阅读，请联系 021-64386496 调换。